特种设备检测与安全管理

胡精锐　历　杰　孙科伟◎主编

四川科学技术出版社

图书在版编目（CIP）数据

特种设备检测与安全管理 / 胡精锐 , 历杰 , 孙科伟
主编 . -- 成都 : 四川科学技术出版社 , 2023.4（2024.7 重印）
ISBN 978-7-5727-0943-2

Ⅰ.①特… Ⅱ.①胡… ②历… ③孙… Ⅲ.①设备—
无损检验②设备—安全管理 Ⅳ.① TB4

中国国家版本馆 CIP 数据核字（2023）第 059219 号

特种设备检测与安全管理
TEZHONG SHEBEI JIANCE YU ANQUAN GUANLI

主　　编　胡精锐　历　杰　孙科伟

出 品 人　程佳月
责任编辑　朱　光
助理编辑　黄云松
封面设计　星辰创意
责任出版　欧晓春
出版发行　四川科学技术出版社
　　　　　成都市锦江区三色路 238 号　邮政编码 610023
　　　　　官方微博 http://weibo.com/sckjcbs
　　　　　官方微信公众号 sckjcbs
　　　　　传真 028-86361756
成品尺寸　170 mm × 240 mm
印　　张　7
字　　数　130 千
印　　刷　三河市嵩川印刷有限公司
版　　次　2023 年 4 月第 1 版
印　　次　2024 年 7 月第 2 次印刷
定　　价　55.00 元

ISBN 978-7-5727-0943-2

邮　　购：成都市锦江区三色路 238 号新华之星 A 座 25 层　邮政编码：610023
电　　话：028-86361770

前　　言

特种设备是指对人身和财产安全有较大危险性的锅炉、压力容器（含气瓶）、压力管道、起重机械、电梯、客运索道、大型游乐设施、场（厂）内专用机动车辆，以及法律法规适用于《中华人民共和国特种设备安全法》的其他设备。近年来，随着我国经济的快速发展，特种设备有向大型化、高速化变化的趋势，其使用规模也在迅速扩大，在我国的经济运行和人民生活中发挥着十分重要的作用。

特种设备安全关系人身和财产安全，关系国家经济平稳运行和社会稳定，是公共安全的重要组成部分。由于很多特种设备在高温、高压、高速、高载荷、高疲劳或高空作业的条件下运行，如果设备设计不合理，制造不规范，检验手段不完善，检验人员素质不高，监管力度不到位，设备日常维护及定期检修不到位，管理制度不健全，安全保护及防护措施不到位，或安全保护装置失效，都可能导致事故发生。而特种设备一旦发生事故，就可能给国家、社会或个人带来严重的经济损失和其他不良后果。

本书对特种设备的检测与安全管理进行了探讨。介绍了磁粉检测以及超声检测在承压类特种设备检测中的应用，以及渗透检测和射线检测在机电类特种设备检测中的应用；介绍承压类特种设备，如锅炉、压力容器及压力管道，机电类特种设备，如起重设备、电梯的安全管理。通过对部分特种设备出现的安全事故进行讨论，以期引起读者对特种设备安全问题的关注，并给出了相应的防范对策，以降低事故发生的概率。

本书内容翔实、通俗易懂，既可作为经常接触、使用或操作特种设备的相关从业人员的参考资料，又可作为广大读者了解特种设备检测方法和安全管理的科普读物。

CONTENTS 目录

第一章 承压类特种设备

第一节 锅炉

一、锅炉概述

锅炉是将燃料的化学能转化为热能，又将热能传递给水、汽、导热油等工质，从而产生蒸汽、热气或通过导热工质输出热能的设备。

锅炉，顾名思义包括"锅"和"炉"两个主要部分。"锅"是锅炉中盛水和蒸汽的承压部分，它的作用是吸收"炉"中燃料燃烧释放出来的热能，使水加热到一定的温度和压力，或者转变成蒸汽。构成"锅"的主要部件包括锅筒、对流管、水冷壁、下降管、集箱、过热器、省煤器、减温器、再热器等。"炉"是指锅炉中燃料燃烧的部分，它的作用是尽量地把燃料的热能全部释放出来，传递给"锅"内介质，即将燃料燃烧产生的热能供"锅"吸收。构成"炉"的主要部件包括炉膛、炉墙、燃烧设备、锅炉构架等。

为了保证锅炉安全运行，还需要配备附属设备系统，这个系统主要包括以下几类。

（1）燃料供给系统：煤场、碎煤机、上煤机、煤斗、油罐、油泵、油加热器、过滤器等。

（2）燃烧系统：各种配风器、燃烧器、炉排等。

（3）烟风系统：空气预热器，烟风道，送、引风机等。

（4）除灰除尘系统：各种除灰机、除尘器等。

（5）给水系统：给水泵、给水管道和各种阀门、省煤器等。

（6）排污系统：连续排污系统、定期排污系统等。

（7）供汽供水系统：主蒸汽管道阀门、供水管道阀门、锅炉出口集箱等。

此外，锅炉上还装有安全附件和仪表及自动控制装置。安全附件和仪表通常有安全阀、压力表、水位计、高低水位报警器等。常用自动控制装置有给水自动调节器，温度自动调节器，压力自动调节器，燃烧自动调节器，自动点火装置，灭火自动保护装置，送、引风机连锁装置及计算机自动控制系统等。

二、锅炉分类

按用途可以分为：电站锅炉、工业锅炉、机车锅炉、船舶锅炉、生活锅炉等。

按容量可以分为：大型锅炉、中型锅炉、小型锅炉等。习惯上，把产汽量大于 100 t/h 的锅炉称为大型锅炉，把产汽量为 20～100 t/h 的锅炉称为中型锅炉，把产汽量小于 20 t/h 的锅炉称为小型锅炉。

按蒸汽压强可以分为：低压锅炉（压强 ≤ 2.45 MPa）、中压锅炉（压强为 2.94 MPa～4.90 MPa）、高压锅炉（压强为 7.84 MPa～10.8 MPa）、亚临界压力锅炉（压强为 15.7 MPa～19.6 MPa）和超临界压力锅炉（压强 ≥ 22.1 MPa）。

按燃料种类和能源来源可以分为：燃煤锅炉、燃油锅炉、燃气锅炉、原子能锅炉、废热（余热）锅炉等。

按锅炉结构可以分为：锅壳式锅炉（火管锅炉）、水管锅炉和水火管锅炉等。

按燃料在锅炉中的燃烧方式可以分为：层燃炉、沸腾炉、室燃炉等。

按工质在蒸发系统的流动方式可以分为：自然循环锅炉、强制循环锅炉、直流锅炉等。

三、锅炉结构

锅炉按烟气在锅炉的流动状况可分为火管锅炉、水管锅炉和水火管锅炉。

（一）火管锅炉

火管锅炉也叫锅壳式锅炉，它在工业上应用最早，是产汽量不大的一种小型工业锅炉。火管锅炉按照锅筒（或锅壳）放置方式可分为立式和卧式两类，都有一个较大直径的锅筒，内部设有火管或烟管受热面，高温烟气在烟管、火管内流动放热，水在烟管、火管外吸热。火管锅炉的产汽量一般都很小，立式火管锅炉多为 0.2～1.5 t/h，卧式火管锅炉一般为 2～4 t/h。这两种锅炉多用于对蒸汽需要量不大的用户。

立式火管锅炉是竖直放置的，炉膛位于锅壳的下部，炉排呈圆形，炉膛四周及顶部都是辐射受热面，对流受热面为烟管，烟气在管内流动，水在管外吸热汽化。立式火管锅炉主要由锅壳、炉胆、烟管、烟箱等几个主要部分组成。锅炉在运行时，燃烧的火焰先冲刷炉胆，烟气经过炉胆的顶喉管进入第一组烟管，到前烟箱后折回第二组烟管，汇集到后烟箱，经由烟囱排出。锅炉最下部是炉胆，周围是容水空间，也是辐射受热面。炉膛上面既是容水空间也是容气空间。锅炉内的水受热后，生成密度较小的汽水混合物，即蒸汽，蒸汽在上部空间经过自然分离，从出口排出；而密度较大的水会沿着锅壳壁附近向下流动，形成锅内的水循环。

这种锅炉的优点是：占地面积小，安装、移动和检修方便，水容积大，启动后压力和水位波动小。另外，这种锅炉对水质要求不高，烟气阻力小。缺点是：制造工艺较为复杂，前烟箱太小，运行中容易堵灰，传热效果不好，热效率低，钢材消耗大，所以这种锅炉应用得不多。

（二）水管锅炉

水管锅炉在大多数情况下，烟气可以作横向冲刷流动，这样就大大地提升了传热效率，在相同的烟速、烟温条件下，和火管锅炉相比，水管锅炉金属耗量大大下降，产汽量和锅炉效率明显提高，加上水管锅炉受热面布置简便，清洗水垢、除尘等便利性均比火管锅炉好，因此水管锅炉得到了广泛的应用。

火管锅炉的产汽量一般都在 4 t/h 以下，如果想要增加产汽量就要加大锅壳直径和壁厚，不但要增加钢材的消耗量，而且提升蒸汽压力也很困难，不能满足工业生产的需求，因此出现了水管锅炉。水管锅炉的汽、水在管内流动，烟气在管外冲刷，这一点是其与火管锅炉最显著的区别。另外，与火管锅炉相比，水管锅炉具有锅筒直径小，耐高压，锅水循环好，蒸发率较大，热效率较高的特点。因此，压力较高、产汽量较大的锅炉大都采用水管锅炉，但水管锅炉也有存汽量较少、锅炉结构较复杂、对水质要求较高、引发设备事故的因素较多等不足之处。

（三）水火管锅炉

水火管锅炉是采用水火管混合结构，兼有水管锅炉和火管锅炉的共同特点。这种锅炉也分为立式和卧式两种。目前比较广泛使用的是卧式水火管锅炉，其由锅筒、烟管、水冷壁管、下联箱和下降管等主要部件组成。

锅筒是由数块钢板卷焊而成，两端由管板封头封固，在管板封头上安有两组烟管，第一组构成第二程，第二组构成第三回程。在锅筒两侧装有水冷壁管，前、后设有下降管，且绝热，与下部联箱连接。锅筒下部与两侧水冷壁管之间构成燃烧室。

燃料在炉膛燃烧后，燃气向后部流动进入第二回程烟管，向前流动到前烟箱，再折返进入第三回程烟管，烟气向后部流动，然后经烟囱排出。

水进入锅筒后，经下降管到达下联箱，流入水冷壁管，吸热后重新上升到锅筒，实现锅炉的水循环。

水火管锅炉的优点有：水冷壁管采用密排管式，炉体散热较少，可以选用轻型炉墙；炉体结构紧凑，便于运输和安装；锅炉尾部可装省煤器，热效率较高，一般可达 75%～80%。缺点有：锅筒腹部易沉积杂质，无法排出，形成过热鼓包；对水质要求高；烟气阻力大；水容量较小，负载变化时水位变化快。

第二节 压力容器

一、压力容器概述

压力容器泛指在工业生产中盛装用于反应、传质、传热、分离和储存等生产过程的气体或液体，能承受压力的密闭容器，被广泛用于石油、化工、能源、冶金、机械、轻纺、医药、国防等领域。它不仅是近代工业生产和民用生活设施中的常用设备，同时也是一种有潜在爆炸危险的特种设备。和其他装置不同，压力容器发生事故时不仅本身会遭到破坏，而且往往还会破坏周围设备和建筑物，甚至可能诱发一连串恶性事故，造成人员伤亡，对经济造成重大损失。

二、压力容器分类

（一）按压力分类

按设计压强的高低，压力容器可分为低压、中压、高压、超高压四个等级，具体划分如下：

（1）低压容器：$0.1\,MPa \leqslant p < 1.6\,MPa$。

（2）中压容器：$1.6\,MPa \leqslant p < 10\,MPa$。

（3）高压容器：$10\,MPa \leqslant p < 100\,MPa$。

（4）超高压容器：$p \geqslant 100\,MPa$。

（二）按壳体承压方式分类

按壳体承压方式不同，压力容器可分为内压容器（壳体内部承受压力）和外压容器（壳体外部承受压力）两大类。

（三）按设计温度分类

按设计温度 t 的高低，压力容器可分低温容器（$t \leqslant -20℃$）、常温容器（$-20℃ < t < 450℃$）和高温容器（$t \geqslant 450℃$）。

（四）按安全技术管理分类

按安全技术管理分类，压力容器可分为固定式容器和移动式容器两大类。

1. 固定式容器

固定式容器是指用管道与其他设备相连接的容器，具有固定的安装和使用地点，工作环境比较稳定，一般不单独装设。

2. 移动式容器

移动式容器是指一种储装容器，如气瓶、槽车等。其主要用途是装运高压气体或液化气体。这类容器无固定的使用地点，使用环境经常变化，管理比较复杂，较易发生事故。

（五）按在生产过程中的分类

按在生产过程中的用途，压力容器可分为反应容器、换热容器、分离容器和储存容器。

1. 反应压力容器（代号 R）

主要是用于完成物理、化学反应的压力容器，如反应器、反应釜、分解锅、硫化罐、分解塔、聚合釜、高压釜、超高压釜、合成塔、变换炉、蒸煮锅、煤气发生炉等。

2. 换热压力容器（代号 E）

主要是用于完成热量交换的压力容器，如管壳式余热锅炉、热交换器、冷却器、冷凝器、蒸发器、加热器、烘缸、蒸炒锅、预热锅、溶剂预热器、蒸锅、蒸脱机、电热蒸汽发生器、煤气发生炉水夹套等。

3. 分离压力容器（代号 S）

主要是用于完成流体压力平衡缓冲和气体净化分离的压力容器，如分离器、过滤器、集油器、缓冲器、洗涤器、吸收塔、铜洗塔、干燥塔、汽提塔、分汽缸、除氧器等。

4. 储存压力容器（代号 C，其中球罐代号 B）

主要是用于储存、盛装高压气体与液化气体等介质的压力容器，如各种形式的储罐。

在一种压力容器中，如同时具备两个以上的用途时，应按主要用途来分类。

（六）压力容器的安全综合分类

为有利于安全技术管理和监督检查，根据容器的压力高低、介质的危害程度以及在生产过程中的重要程度，可将压力容器划分为三类。

1. 三类压力容器

符合下列情况之一者为三类压力容器。

高压容器；中压容器（仅限危害程度为极度和高度的介质）；中压储存容器 [仅限危害程度为中度的介质，且 pV（p 为承受压强，V 为体积，下同）乘积大于等于 $10\ \text{MPa} \cdot \text{m}^3$]；中压反应容器（仅限危害程度为中度的介质，且 pV 乘积大于等于 $0.5\ \text{MPa} \cdot \text{m}^3$）；低压容器（仅限危害程度为极度和高度的介质，且 pV 乘积大于等于 $0.2\ \text{MPa} \cdot \text{m}^3$）；高压、中压管壳式余热锅炉；中压搪玻璃压力容器；使用强度级别较高的材料制造的压力容器；移动式压力容器，包括铁路罐车（介质为液化气体、低温液体）、罐式汽车（介质为液化气体、低温液体或永久气体）和罐式集装箱（介质为液化气体、低温液体）等；球形储罐（容积≥ 50 m³）；低温液体储存容器（容积≥ 5 m³）。

2. 二类压力容器

符合下列情况之一且不属于三类压力容器的为二类压力容器。

中压容器；低压容器（仅限毒性程度为极度和高度危害介质）；低压反应容器和低压储存容器（仅限易燃介质或毒性程度为中度危害质）；低压管壳式余热锅炉；低压搪玻璃压力容器。

3. 一类压力容器

低压容器且不属于二、三类压力容器。

三、压力容器结构

压力容器的结构一般比较简单，其主要部件是一个能承受压力的壳体及其他必要的连接件和密封件。压力容器的壳体形式多样，最常用的是球形和圆筒形壳体。

（一）球形容器

球形容器的壳体是一个球壳，一般都是焊接结构。球形容器的直径一般都比较大，难以整体压制成型，所以大多是由多块预先压制成型的球面板组焊而成。这些球面板的形状不完全相同，但板厚一般都相同。只有一些特大型用以储存液化气体的球形储罐，其球体下部的壳板比上部的壳板稍厚。

球壳表面积小，可以节省钢材，而且当需要与周围环境隔热时，还可以节省隔热材料且减少热量的散失，所以球形容器最适宜作液化气体储罐。目前大型液化气体储罐多采用球形。此外，有些用蒸汽直接加热的容器，为了减少热量的散失，有时也采用球形，如造纸工业中用于蒸煮纸浆的蒸球等。

（二）圆筒形容器

圆筒形容器是使用最为普遍的一种压力容器。圆筒形容器比球形容器易于制造，便于在内部装设附件及内部介质的流动。因此它广泛用作反应、换热和分离容器。圆筒形容器由一个圆筒体和两端的封头（端盖）组成。

1. 薄壁圆筒壳

中、低压容器的筒体为薄壁圆筒壳，薄壁圆筒壳一般都是焊接结构，即用钢板卷成圆筒后焊接而成，直径较小的薄壁圆筒壳可以采用无缝钢管制造。直径小的圆筒体只有一条纵焊缝，直径大的可以有两条甚至多条纵焊缝。同样，长度小的圆筒体只有两条环焊缝，长度大的则可以有多条。

夹套容器的筒体由两个大小不同的内、外圆筒组成，外圆筒与一般承受内压的容器一样，内圆筒则是一个承受外压的壳体。虽然没有单纯承受外压的压力容器，但有承受外压的部件，如受外压的筒体、封头等。

2. 厚壁圆筒壳

高压容器一般都不是储存容器，除少数是球形外，绝大部分是圆筒形。因为工作压力高，所以壳壁较厚，同样是由圆筒体和封头组成。厚壁圆筒按结构可分为单层筒体、多层板筒体和绕带式筒体等三种。

（1）单层筒体

单层厚壁筒体主要有三种形式，分别为整体锻造式、锻焊式和厚板焊接式。

整体锻造式厚壁筒体是全锻制结构，没有焊缝。它是用大型钢锭在中间冲孔后套入一根芯轴，在水压机上锻压成型，再经切削加工制成的。这种结构的金属消耗量特别大，其制造还需要一整套大型设备，所以目前已很少使用。

锻焊式厚壁筒体是在整体锻造式的基础上发展起来的。它由多个锻制的筒节组装焊接而成，只有环焊缝而没有纵焊缝，常用于直径较大的高压容器（直径可达 5～6 m）。

厚板焊接式厚壁筒体是用大型卷板机将厚钢板热卷成圆筒，或用大型水压机将厚钢板压制成圆筒瓣，然后用电渣焊焊接纵缝制成筒节，再由若干段筒节焊接而成。这种形式的金属耗量小，生产效率较高。

对于单层厚壁筒体来说，由于壳壁是单层的，当筒体金属存在裂纹等缺陷且缺陷附近的局部应力达到一定程度时，裂纹将沿着壳壁扩展，会导致整个壳体的破坏。同样的材料，厚壁不如薄壁的抗脆性好，综合性能也差一些。当壳体承受内压时，壳壁上所产生的应力沿壁厚方向的分布是不均匀的，壁越厚，内、外壁面上的应力差别也越大。单层筒体无法改变这种应力分布不均匀的状况。

（2）多层板筒体

多层板筒体的壳壁由数层甚至数十层紧密结合的金属板构成。由于是多层结构，可以通过制造工艺在各层板间产生预应力，使壳壁上的应力沿壁厚分布比较均匀，壳体材料可以得到较充分的利用。如果容器内的介质具有腐蚀性，可采用耐腐蚀的合金钢做内筒，而用碳钢或其他合金钢做层板，以节约贵重金属。当壳壁材料中存在裂纹等严重缺陷时，缺陷一般不易扩散到其他层，同时各层均是薄板，具有较好的抗脆断性能。多层板筒体按其制造工艺的不同可以分为多层包扎焊接式、多层绕板式、多层卷焊式和多层热套式等形式。

（3）绕带式筒体

绕带式筒体的壳体是由一个用钢板卷焊成的内筒和在其外面缠绕的多层钢带构成。它具有与多层板筒体相同的一些优点，而且可以直接缠绕成较长的整个筒体，不需要由多段筒节组焊，因而可以避免多层板筒体所具有的深而窄的环焊缝。但其制造工艺较为复杂，生产效率低，制造周期长，因而采用较少。

3. 封头

在中、低压压力容器中，与筒体焊接连接而不可拆的端部结构称为封头，与筒体以法兰等连接的可拆端部结构称为端盖。通常所说的封头则包含封头和端盖两种连接形式。压力容器的封头或端盖，按其形状可以分为三类，即凸形封头、锥形封头和平板封头。其中平板封头在压力容器中除用做人孔及手孔的盖板以外，其他很少采用；凸形封头是压力容器中广泛采用的封头结构形式；锥形封头则只用于某些特殊用途的容器。

第三节　压力管道

一、压力管道概述

压力管道是利用一定的压力，用于输送气体或者液体的管状设备，其范围规定为最高工作压力大于或者等于 0.1 MPa(表压) 的气体、液化气体、蒸汽介质或者可燃、易爆、有毒、有腐蚀性，最高工作温度高于或者等于标准沸点的液体介质，且公称直径＞ 25 mm 的管道。这就是说，所说的压力管道，不但是指其管内或管外承受压力，而且其内部输送的介质是气体、液化气体和蒸汽或可能引起燃爆、中毒或腐蚀的液体物质。

压力管道的特点：①压力管道是一个系统，相互关联，相互影响，牵一发而动全身。②压力管道长径比很大，极易失稳，受力情况比压力容器更复杂。压力管道内流体流动状态复杂，缓冲余地小，工作条件变化频率比压力容器高，如高温、高压、低温、低压、位移变形、风、雪、地震等都有可能影响压力管道受力情况。③管道组成件和管道支承件的种类繁多，各种材料各有特点和具体技术要求，材料选用复杂。

二、压力管道分类

根据管道承受内部压力的不同，可以将压力管道分为真空管道、中低压管道、高压管道、超高压管道。

根据输送介质的不同，可以分为蒸汽管道、燃气管道、工艺管道等。

根据使用材料的不同，可以分为合金钢管道、不锈钢管道、碳钢管道、有色金属管道、非金属管道、复合材料管道等。

根据管道敷设方式的不同，可以分为地下管道和架空管道。

根据用途的不同，可以分为 GC 类工业管道、GB 类公用管道和 GA 类长输管道。工业管道是指企业、事业单位所属的用于输送工艺介质的工艺管道、公用工程管道及其他辅助管道，包括延伸出工厂边界线，但归属企、事业单位管辖的工艺管线。公用管道是指城市或乡镇范围内用于公用事业或民用的燃气管道和热力管道。长输管道是指产地、储存库、使用单位间用于输送商品介质的管道。

三、压力管道结构

压力管道的结构并非固定的，由于它所处的位置不同，功能有差异，所需要的元器件也就不同，最简单的就是一段管子。一般来说，压力管道构成的元器件比较多，系统中除直管外，还有管子、管件、阀门、连接件、附件、支架等元器件。

管子是管道的基本组成部分，管件是将管子连接起来的元件；阀门在管道中是个重要的组成部分，阀门的作用不尽相同，阀门品种很多，有电磁阀、电动阀、液压阀等；连接件用于管道组成件可拆连接点处相邻元器件间的连接，一般包括法兰、密封垫片和螺栓螺母，也有使用螺纹连接的。附件是管道用的一些小型设备，如视镜、"8"字形盲通板、节流孔板、过滤器和阻火器等；支架是管道的支承件，除短小的管道直接连接到两个设备无须设支架外，一般都要设支架支承管道，限制管道位移。

第二章 机电类特种设备

第一节 起重设备

一、起重机械概述

起重机械，是指以间歇、重复的工作方式，通过起重吊钩（或其他取物装置）的垂直升降与（或）水平运动，实现负荷（重物）的三维空间位移，完成起重及装卸搬运等作业的机械设备。

起重机械是实现生产过程机械化、自动化、减少体力劳动、提高劳动生产率的重要工具和设备。先进的电气和机械技术应用到起重机械上，可以提升自动化程度，提高工作效率，增强性能，使操作更加简便，更加安全可靠。

起重机械由驱动装置、工作机构、取物装置和金属结构组成。起重机作业是间歇性的周期作业，其工作循环是取物装置借助金属结构的支撑，通过多个工作机构把物料提升，并在一定空间范围内移动，按要求将物料安放到指定位置，然后空载回到原处，准备再次作业，从而完成一个物料搬运的工作循环。从安全角度来看，与一般机械较小范围内的固定作业方式不同，特殊的功能和特殊的结构形式，使起重机作业时存在诸多危险因素。

二、起重机械分类

起重机械大致可以分为下列四个基本类型。

（一）轻小型起重设备

轻小型起重设备有千斤顶、滑车、绞车、手动倒链和电动倒链等。其特点是构造比较简单紧凑，一般只有一个起升机构，只能使重物做单一的升降运动。

（二）桥式类型起重机

桥式类型起重机有桥式起重机、特种起重机、梁式起重机、龙门起重机、装卸桥等。其特点是具有起升机构，大、小车运行机构。除竖直运动外，还能进行前后和左右的水平运动，三种运动的配合可在一定的立方形空间内搬运重物。

（三）臂架式类型起重机

臂架式类型起重机有汽车起重机、轮胎式起重机、履带式起重机、塔式起重机、门座式起重机、浮式起重机、铁路起重机等。其特点是具有起升机构、变幅机构、旋转机构和行走机构。依靠这些机构的配合动作，可在一定的圆柱形或椭圆柱形空间内搬运重物。

（四）升降机

升降机有载人或载货电梯、连续工作的乘客升降机等。升降机虽然只有一个升降机构，但远比起重机复杂，特别是载人的升降机，要求有完善的安全装置和其他附属装置。

三、起重机械结构

下文仅介绍桥式起重机、门式起重机及流动式起重机。

（一）桥式起重机

1. 桥式起重机的类型

桥式类型起重机有桥式起重机、龙门起重机、装卸桥等。

2. 桥式起重机构造

桥式起重机是由桥架、大车运行机构、起重小车（包括起升机构和运行机构）和驾驶室（包括操纵机构和电气设备）四大部分组成的。

（1）桥架

桥式起重机的桥架是金属结构，它一方面承受起重小车的轮压作用，另一方面又通过支承桥架的运行车轮，将起重机全部重量传给厂房内固定跨间支柱上的轨道和建筑结构。桥架的结构形式不仅要求自重轻，又要有足够的强度、刚性和稳定性，还应考虑先进制造工艺的应用，达到结构合理、质量好和成本低的要求。

桥式起重机的桥架，是由两根主梁、两根端梁、走台、防护栏杆等构件组成。起重小车的轨道固定在主梁的盖板上，走台设在主梁的外侧。通常是悬臂固定在主梁上，依靠焊接在主梁腹板上的撑架来支托，其高低位置取决于车轮轴线的位置。走台的外侧设有栏杆，以保证人员的安全。同样，端梁的两外侧也设有栏杆。为了使桥架运输和安装方便，常把端梁制成两段，分别与两根主梁焊接在一起，成为半个桥架，待运输到使用地点后，再将两个半桥架用高强度螺栓连接在一起，成为一台完整的桥架。

桥架的跨度就是两根端梁中心线之间的距离，跨度的大小是决定主梁高度的因素之一。桥架的结构形式很多，有箱形结构、箱形单主梁结构、四桁架式结构、单腹板开式结构等。箱形结构具有制造工艺简单、制造工时少、通用性强、安装和维修方便等优点，因而是目前常用的结构形式；箱形单主梁结构是用一根宽翼缘箱形主梁代替两根主梁，因而减轻了自重，是较新的结构形式；四桁架式结构的制造工艺复杂，制造工时多，外形尺寸大，所以目前较少生产；单腹板开式结构的水平刚性和抗扭刚性都较差，而且在使用中上部翼缘主焊缝还可能开裂，目前很少使用。

（2）大车运行机构

大车运行机构由电动机、制动器、减速箱、联轴节、传动轴、轴承箱、车轮等零部件组成，其作用是驱动桥架上的车轮转动，使起重机沿着轨道做纵向水平运动。

大车运行机构常见的驱动方式有三种：集中低速驱动、集中高速驱动和分别驱动，分别驱动的方式应用较多。分别驱动的特点是在大车的运行机构中，中间没有传动轴，而是走台的两端各有一套驱动装置，对称布置。每套驱动装置由电动机通过制动轮、联轴节、减速箱与大车车轮连接。分别驱动与集中驱动相比具有下列优点：由于省去了传动轴，减轻了自重，安装与维修较方便。

（3）起重小车

起重小车是桥式起重机的一个重要组成部分，包括小车架、起升机构和运行机构三部分。其构造特点是所有机构都是由独立的部件组装而成，如电动机、减速器、制动器、卷筒部件、定滑轮组件、小车车轮组等，这些部件之间都采用齿轮联轴节相互连接。在起重小车上还有安全保护装置，如上升高度限制器（重锤式高度限制器、接在卷筒轴端的螺杆式高度限制器）、小车行程限位器、缓冲器（弹簧缓冲器、橡胶缓冲器、液压缓冲器）、防护栏杆等。

小车架：小车架是支撑和安装起升机构和小车运行机构各部件的机架，同时又是承受和传递全部起重载荷的构件。因此，要求小车架具有足够的强度和刚性，以保证小车架受载后不致影响机构的正常工作。小车架一般都用钢板焊接而成，也有采用型钢拼焊而成的，其构造由起升机构和小车运行机构布置的要求确定。

起升机构：起升机构是用来升降重物的，由取物装置钢丝绳卷绕系统及驱动装置等部分组成。起重量超过 10 t 的，通常设置两个起升机构，起重量大的称为主起升机构，起重量小的称为副起升机构。副起升机构的起重量常为主起升机构的20%～30%；主起升机构的起升速度较慢、副起升机构的起升速度较快，但两者结构形式基本一致，主、副起升机构可分别工作，也可协同工作。

运行机构：在中、小起重量的起重机中，小车运行机构的传动形式有两种，一种为减速箱在 2 个主动车轮中间，另一种为在小车的一侧。减速箱装在 2 个主动车轮中间，传动轴所承受的扭矩比较均匀；减速箱装在小车的一侧，安装与维修工作比较方便。小车有 4 个车轮，其中 2 个是与驱动装置相连接的主动轮，另 2 个是从动轮。4 个车轮通过角形轴承箱装在小车架横梁的两端。

（4）驾驶室

驾驶室是一个金属结构的小室，室内装有起重机各机构的电气控制设备、保护配电盘、紧急开关、电铃按钮、照明设备等。它是起重机驾驶员对起重机各机构的运行进行操作的地方，它悬挂在桥架靠近端梁附近一侧的走台下面，一般都设在无导电裸线的一侧。

对驾驶室的要求有：其顶部能承受 25 kN/m² 的静载荷；开式驾驶室应设有不小于 1.05 m 高度的栏杆；除流动式起重机外，驾驶室外有走台时，门应向外开，没有走台时，门应向里开；驾驶室底面与下方地面、通道、走台等距离超过 2 m 时，应设置走台；用于高温、多尘、有毒等环境的起重机应采用封闭式驾驶室；工作温度高于 35℃时，应设有降温装置；工作温度低于 5℃时，应设有采暖装置，采暖装置必须安全可靠；对直接受到高温热辐射的驾驶室，应设有隔热层；驾驶室内的净空高度应不小于 2 m，保证有适度的空间，并备有可调的座椅。

驾驶室的构造与布置：应使驾驶员有良好的视野，并便于操作和维修；在驾驶室通往桥架走台的舱口门和通往端梁的栏杆门上均应装有安全开关，在开启舱口门或栏杆门时，安全开关动作，切断电源，使起重机无法动作，保证驾驶员和检修人员的人身安全。

（二）门式起重机

1. 门式起重机的类型

门式起重机是一种应用十分广泛的起重设备。它主要用于室外的货场、料场进行件货、散货的装卸工作。门式起重机种类繁多，特点各异。

按照整体结构形式，门式起重机可分为全门式、半门式、双悬臂门式和单悬臂门式；按照主梁形式，门式起重机可分为单主门梁式、双梁门式、铁路集装箱式和电站用启门式；按照吊具形式，门式起重机可分为吊钩门式、抓斗门式、电磁门式、两用门式、三用门式和双小车门式。

2. 门式起重机的构造

门式起重机尽管种类繁多，但构造却大同小异，都由电气设备、小车、大车运行机构、门架、大车导电装置等五大部分组成。

（1）门式起重机的电气设备

门式起重机的动力源是电力，电气设备是指轨道面以上起重机的电气设备，大部分安装在驾驶室和电气室内。

（2）门式起重机的小车

小车一般由小车架、小车导电架、起升机构、小车运行机构、小车防雨罩等组成。小车应可沿主梁方向移动，升降取物装置，实现吊具自身的动作，并适应室外作业的需求。小车形式根据主梁形式的不同分为以下三种。

双梁门式起重机的小车：双梁门式起重机的小车形式与桥式起重机小车形式基本相同，都属于四支点形式。

单主梁门式起重机的小车：单主梁门式起重机的小车，分为垂直反滚轮式小车和水平反滚轮式小车两种。垂直反滚轮式小车又称两支点小车，水平反滚轮式小车又称三支点式小车。为了防止小车突发性倾翻，垂直反滚轮式小车和水平反滚轮式小车的车架尾部都设有刚性的安全钩。

具有减振装置的小车：运行速度＞150 m/min 的装卸桥小车，为了减小冲击，会设置减振装置，为保证起动、制动时主动轮不打滑，一般都采用全驱动形式，四个车轮均为主动轮。

（3）门式起重机的大车运行机构

门式起重机的大车运行机构都是采用分别驱动的方式。车轮分为主动轮和从动轮。车轮的个数与轮压有关，主动轮数占总车轮数的比例是以防止起动和制动时车轮打滑而确定的。一般门式起重机的驱动为 1/2 驱动，也有 1/3 驱动、2/3 驱动或全驱动的。

（4）门式起重机的门架

门式起重机的门架是指金属结构部分，主要包括主梁、支腿、下横梁、梯子平台、走台栏杆、小车轨道、小车导电支架、驾驶室等，可分为单主梁门架和双梁门架两种。

单主梁门架：单主梁门架由 1 根主梁、2 个支腿、2 个下横梁、从地面通向驾驶室和主梁上部的梯子平台、主梁侧部的走台栏杆、小车导电滑架、小车轨道、驾驶室、电气室等部分组成。

双梁门架：双梁门式起重机的门架和主梁多为 2 根偏轨，主梁间有端梁连接，形成水平框架。主梁一般为板梁箱形结构，也有桁架结构。其支腿设有上拱架，与下横梁一起形成一次或三次超静定框架。双梁门式起重机不单独设置走台，主梁上部兼作走台用，栏杆、小车导电滑架皆安装在主梁的盖板上。

由于门式起重机单主梁、双梁门架中的主梁都有悬臂，且悬臂较长，最长可达60 m。受铁路、公路运输的条件所限，通常在设计制造时将主梁分为两段或三段。一般来说，超过 33 m 的主梁需分段，每段长度≤33 m。分段处设有主梁接头，在安装起重机时，将主梁连接起来。箱形结构的主梁多采用连接板和高强度螺栓连接，被连接的主梁部分和连接板均需进行打砂处理。桁架式主梁可分段制作，在使用现场组装。

（5）大车导电装置

大车导电装置是用来将地面电源连接到起重机上作为起重机的动力来源。大车导电装置种类比较多，导电形式不同。

电拖滑线导电装置：从起重机设计来说，这种导电装置比较容易实现，但需设立电线杆，将地面电源线架起的建设成本较高，且由于电源线架空较高（10 m 以上），维修比较困难。

电缆卷取装置：这种装置只要在地面预埋电缆并引出起重机全行程所需的电缆即可，较易实现。机上设卷取装置，将引出电缆缠绕到卷取装置上，随起重机的运行进行卷缆和放缆，实现起重机的电气驱动与控制。电缆卷取装置一般称电缆卷筒，有重锤式电缆卷筒、一般电动机驱动的电缆卷筒、力矩电动机驱动的电缆卷筒、无电动机驱动的电缆卷筒等。

3. 门式起重机的机构

门式起重机与桥式起重机一样，主要由起升机构、小车运行机构和大车运行机构组成。

（1）门式起重机起升机构

起升机构的主要形式及构成包括：①吊钩门式。吊钩门式起重机的起升机构与桥式起重机的起升机构基本相同。②抓斗门式。抓斗门式起重机的起升机构，由四绳抓斗的开闭机构和抓斗的起升机构组成。它与吊钩起升机构的区别是四绳抓斗机构的钢丝绳缠绕倍率为1，无定滑轮，卷筒钢丝绳直接连到抓斗上，一卷筒上两根绳为开闭绳，另一卷筒上两根绳为起升绳。③电磁门式。电磁门式起重机的起升机构是在吊钩门式起重机的起升机构基础上发展起来的，它在减速器输出轴上加了惰轮，在卷筒旁设置有带外齿的电缆卷筒，电磁吸盘挂在吊钩上，随之升降。电磁吸盘上设电源插座，电缆一端插入电磁吸盘，另一端缠绕在电缆卷筒上，电缆随吊钩同步升降，为保证同步性，要求速比匹配准确。

门式起重机起升机构的特点：①门式起重机起升机构无论是双梁起重机小车还是单主梁起重机小车都是上述几种形式。②门式起重机的起升机构与桥式起重机的起升机构形式类同，采用的零部件也相差不大。③单主梁门式起重机起升机构的布置，必须保证在小车不承载时小车的重心在主梁外侧，且重心到主轨道距离不少于150 mm，并设有防止意外倾翻的安全钩。

（2）门式起重机小车运行机构

门式起重机的小车运行机构，分为双梁小车运行机构和单主梁小车运行机构两种。

双梁小车运行机构：门式起重机的双梁小车运行机构与桥式起重机的小车运行机构相同。

单主梁小车运行机构：单主梁小车有垂直反滚轮式和水平反滚轮式，它们的小车运行机构是类同的。其运行机构由电动机、制动器、套装减速器、传动轴、联轴器、轴承箱、车轮、导向轮、垂直反滚轮、有安全钩的平衡梁、水平轮等组成。如果条件允许，空间不受限制，最好在套装减速器与电动机之间加一传动轴，这两种小车的主轨道上都是有两个车轮，一个为主动车轮，一个为被动车轮，驱动机构只有一套。

（3）门式起重机大车运行机构

大车运行机构的车轮布置：一般的门式起重机的大车运行机构车轮为4个，布置在下横梁的4个角上。同一轨道上两轮中心距称为轮距，一般来说，轮距与跨度之比为1/6～1/4。当车轮轮压大时，可采取增加4个角上车轮数量的形式，两个车轮组成一个平衡台车与下横梁铰接。如果4个车轮同在一个角上，可由两个平衡台车组成一个大的平衡台车与下横梁铰接。车轮的布置形式有很多，应由设计者根据整机轮压计算情况并考虑使用单位对基础的要求来确定。

大车运行机构的驱动形式：门式起重机的大车运行机构采用的是分别驱动的形式。当不需设平衡台车时，其驱动形式为两种，一种是采用标准立式减速器的形式，另一种是采用安装减速器的形式。

（三）流动式起重机

流动式起重机是臂架类型起重机械中无轨运行的起重设备。它具有自身动力装置驱动的行驶装置，转移作业场地时不需拆卸和安装。由于其机动性强、应用范围广，近年来得到了迅速发展。特别是近几十年来由于液压传动技术、控制工程理论及微型计算机在工程设备中的广泛应用，明显提高了流动式起重机的工作性能和安全性能，从而使它在所有起重设备中的占有量越来越大，而且某些专用的流动式起重机也应运而生。

1. 流动式起重机的分类

流动式起重机按其运行方式、性能特点及用途，可分为四种类型，即汽车起重机、轮胎起重机、履带起重机和专用流动式起重机，其中汽车起重机应用最为广泛。

2. 流动式起重机的结构

流动式起重机是通过改变臂架仰角来改变载荷幅度的旋转类起重机。与一般的桥式、门式起重机不同。流动式起重机的结构由起重臂、回转平台、车架和支腿四部分组成。

（1）起重臂

起重臂是起重机最主要的承载构件。由于变幅方式和起重机类型的不同，流动式起重机的起重臂可分为桁架臂和伸缩臂两种。

桁架臂：这种臂架由只受轴向力的弦杆和腹杆组成。由于采用挠性的钢丝绳变幅机构，变幅拉力作用于起重臂前端，使臂架主要受轴向压力，自重引起的弯矩很小，因此桁架臂自重较轻。但若起重臂很长，又要转移作业场地，则须将起重臂折成数节，另作运输，到达新作业场地后再组装，所以准备时间较长，不能立即投入使用。因此，这种起重臂多用于不经常转移作业场地的起重机，如轮胎起重机、履带起重机上。

伸缩臂：这种起重臂由多节箱型焊接板结构套装在一起而成。各节臂的横截面多为矩形或多边形。通过装在臂架内部的伸缩液压缸或由液压缸牵引的钢丝绳，使伸缩臂伸缩，从而改变起重臂的长度。这种形式的起重臂既可以满足流动式起重运行时臂架长度较小以保证起重机有很好的机动性要求，又可以尽量缩短起重机从运行状态进入起重作业状态的准备时间。因此，汽车起重机、全路面起重机、现代轮胎起重机和有些履带起重机均采用这种形式的臂架。

由于臂架长度是连续可变的，伸缩臂均采用与桁架式起重臂的变幅机构不同的液压缸，从而使伸缩臂呈悬臂受力状态，这就要求这种臂架有很大的抗弯强度，因此伸缩臂的自重较大。为了缓解这一矛盾，伸缩式臂多装有可折叠式一节或多节桁架式副臂，这一方法已在大多数流动式起重机上应用。

（2）回转平台

回转平台通常称为转台，它的作用是起重机工作时为起重臂的后铰点、变幅机构或变幅液压缸提供足够的约束，将起升载荷、自重及其他载荷的作用通过回转支承装置传递到起重机底架上。因此，要求转台有足够的强度和刚度，并且要为各机构及配重的安装提供方便。另外，对于运行速度较高的流动式起重机，转台还要能承受整个凹转部分自重及起重机运行时的动载作用。

（3）车架

车架是整个起重机的基础结构，其作用是将起重机工作时作用在回转支承装置上的载荷传递到起重机的支承装置（支腿、轮胎、履带）上。因此，车架的刚度、强度将直接决定起重机的刚度和强度。

对于轮胎起重机、履带起重机和采用专用底盘的汽车起重机，车架也是运行部分的骨架。而采用通用底盘的汽车起重机，其车架（也称副车架）专为承受起重机工作时的载荷作用而设置，通过固定部件固定在通用汽车底盘上。

另外，对于有支腿的流动式起重机，车架也是支腿的安装基础。

（4）支腿

支腿结构是安装在车架上可折叠或收放的支承结构。它的作用是在不增加起重机宽度的条件下为起重机工作时提供更大的支承跨度。从而在不降低流动式起重机机动性的前提下提高其起重性能。老式的支腿多为折叠式或摆动式支腿，需人工收放。现在大部分流动式起重机的支腿采用液压传动,按其结构特点可分为 H 形支腿、X 形支腿、蛙式支腿、辐射式支腿等。

3.流动式起重机的机构组成

在此以轮胎式起重机为例进行介绍。

（1）轮胎式起重机的起升机构

轮胎式起重机的起升机构由动力装置、减速装置、卷筒、制动装置等组成。动力装置除用来驱动起升机构外，还用来驱动行走机构、回转机构和变幅机构。这样的驱动形式称为集中驱动，具有工作可靠但操作复杂的特点。

轮胎式起重机的动力装置常采用内燃机，多数是柴油机。有的轮胎式起重机的内燃机带动发电机，供电给电动机，再通过减速器带动起升机构。由于密封技术的进步，液压传动也得到了广泛的应用。

使用液压传动的起升机构中，一般采用液压马达通过减速器带动起升机构的方案。

轮胎式起重机起升机构的制动器多布置在低速轴上，其所需的制动力矩较大些，但制动时较平稳，特别是可以利用卷筒侧板作为带式制动器的制动轮，使得结构紧凑。

（2）轮胎式起重机的变幅机构

变幅机构是改变起重机工作半径的机构，它扩大了起重机的工作范围，提高起重机的工作效率。

只允许在空载条件下变幅的机构叫作非工作性变幅机构，而能在带载的条件下变幅的机构叫作工作性变幅机构。为满足装卸工作需要和提高起重机的工作效率，轮胎式起重机要求能在吊装重物时改变起重机的幅度，其所用的变幅机构要求有较大的驱动功率。除此之外，还应装有限速和防止超载的安全装置，制动装置应安全可靠。轮胎式起重机在各种工作幅度下所允许起吊的重量是不一样的。

（3）轮胎式起重机的回转机构

回转机构是轮胎式起重机中必不可少的机构，有了回转机构，才能将起重物件送到一定范围内的任一位置。它能使整个回转平台在回转支承装置上进行360°的旋转，这种旋转运动可以是顺时针方向的，也可以是逆时针方向的。

回转机构通常由动力装置通过起减速作用的传动装置带动与回转支承装置上的大齿圈啮合的回转小齿轮来实现回转平台的旋转运动。

起重机的回转部分是由回转支承装置支承的。轮胎式起重机一般多采用转盘式回转支承装置，转盘式回转支承装置有支承滚轮式和滚动轴承式两种。支承滚轮式回转支承装置，构造比较简单，但重量较大，其承载能力也较大。滚动轴承式回转支承装置的特点是回转时摩擦阻力小，高度低，承载能力大，可以使轮胎式起重机的重心较低，稳定性提高。滚动轴承式回转支承装置的滚动体有单排结构和双排结构。将回转机构布置在回转平台上并随其一起绕回转支承装置的大齿圈回转时，大齿圈的滚圆是固定在底盘车架上的，此时，回转小齿轮既绕着大齿圈运动，又相对本身的齿轮轴自转。这种布置形式使得回转机构的维修比较方便。也可以把大齿圈的滚圈与回转平台连接在一起，而把回转机构固定在底盘车架上，这样，通过小齿轮带动大齿圈回转。这种布置方式的缺点是维修不太方便。

轮胎式起重机在行驶时，应将回转平台固定，可使用机械的插销定位装置，使回转平台不会摆动。

（4）轮胎式起重机的行走机构

轮胎式起重机一般只有1台发动机，采用后轮驱动，其起升、变幅、回转、行走等动作都是由这台发动机经过不同的传动路线将其所产生的动力传递到各个部位的。驾驶员操作相应的离合器，可改变传动路线。由于轮胎式起重机行走机构的位置较低，因而从总传动箱到驱动车轮之间的传动齿轮就较其他机构更多。

轮胎式起重机行走时的转向时，一般由驾驶员操作方向盘使位于轮胎式起重机前部的转向桥上的车轮转向。在转向时，主动轮因差速器的作用使内侧轮走得慢些，外侧轮走得快些。

轮胎式起重机本身的重量较大，有的重达35 t。如此巨大的重量需要采用增加轮胎帘布层、增加车轮数量或增加驱动轮轴的方法，增加轮胎承载能力。轮胎式起重机因其自重大，故其行驶速度不应太快，一般控制在每小时10 km左右。

第二节　电梯

一、电梯概述

电梯是指通过动力驱动，利用沿刚性轨道运行的箱体或者沿固定线路运行的梯级（踏步），进行升降或平行运送人、货物的机电设备，包括载人（货）电梯、自动扶梯、自动人行道等。

二、电梯分类

（一）按用途分类

乘客电梯：代号KT，用于运送乘客。必要时，在载重能力及尺寸许可的条件下，也可运送物件和货物。一般用于办公大楼及部分生产车间。

载货电梯：代号HT，用于运送货物，承载箱容积较大，载重量也较大。有的载货电梯由驾驶员操作，装卸人员可随电梯上下，具有足够的载货能力，又具有客梯所具有的各种安全装置，可作客、货两用电梯。另一种载货电梯是专门载货的，无人操作，不得载人，厢外操作。

病床电梯：代号 BT，医院用来运送病人及医疗器械等。轿厢窄而深，起动、停止平稳。

杂货梯：代号 ZT，专门用于运送 500 kg 以下的物件，不得载人。

建筑施工用电梯：代号 JT，用于运送建筑施工的人员和材料。

（二）按驱动方式分类

曳引式：由曳引电动机驱动电梯运行，结构简单、安全，行程及速度均不受限制，有交流电梯和直流电梯两种。交流电梯有单速、双速、调速之分，一般用于低速梯、快速梯，采用交流电动机；直流电梯一般用于快速、高速电梯，采用直流发电机和直流电动机，或采用交流电整流设备和直流电动机组成的机组。

液压式：用液压油缸顶升，有垂直柱塞顶升式和侧柱塞顶升式。

齿轮齿条式：用齿轮与齿条传动提升装置。

（三）按提升速度分类

低速梯：速度为 0.25 m/s、0.5 m/s、0.75 m/s、1 m/s，以货梯为主。

快速梯：速度为 1.5 m/s、1.75 m/s，以客梯为主。

高速梯：速度为 2 m/s、2.5 m/s、3 m/s，用作高层客梯。

（四）按操作方式分类

KP：轿内手柄开关操作，自动平层，手动开关门。

KPM：轿内手柄开关操作，自动平层，自动开关门。

AP（XP）：轿内按钮选层，自动平层，手动开关门。

XPM：轿内按钮选层，自动平层，自动开关门。

KJX：集选控制（可以有人驾驶，也可以无人驾驶），自动平层，自动开关门。

KJQ：交流调整集选控制（可以有人驾驶，也可以无人驾驶），自动平层，自动开关门。

ZJQ；直流快速集选控制（可以有人驾驶，也可以无人驾驶），自动平层，自动开关门。

TS：门外按钮控制，一般用于简易电梯或有特殊用途的电梯。

（五）按整机房位置分类

机房设置在井道的顶部，例如通常使用钢丝绳驱动的电梯。

机房设置在井道的底部，例如液压式或场地有特殊要求的钢丝绳驱动式电梯。

（六）其他类别

自动扶梯：分轻型和重型两类，每类又按装饰分为全透明无支撑、全透明有支撑、半透明或不透明有支撑、室外用自动扶梯等，一般用于大型商场、大楼、机场、港口等。

自动人行道：主要用于机场、车站、码头、工厂生产自动流水线等处。

液压梯：用液压作为动力以驱动轿厢升降，有乘客梯、载货梯之分，一般用于速度低、载重量大的情况。

气压梯：用压缩空气作为动力以驱动轿厢升降，也有乘客梯、载货梯之分。

三、电梯结构

电梯是一种复杂的机电产品，一般由机房、轿厢、层站、井道等部分组成。

（一）电梯机房

机房位于电梯井道的最上方或最下方，主要用于装设曳引机、控制柜、限速器、配线板、电源开关、通风设备等。

机房设在井道底部的，称为下置式曳引方式。由于此种方式结构较复杂，钢丝绳弯折次数较多，钢丝绳的寿命短，增加了井道承重，且保养困难，因此，只有机房不可能设在井道顶时才采用。

机房设在顶部的，称为上置式曳引方式。这种方式设备简单，钢丝绳弯折次数少，成本低，维护简单，被普遍采用。如果机房既不可能设置在底部，也不可能设置在顶部，可考虑选用机房侧置式。

1. 曳引机

曳引机是装在机房内的主要传动设备，它是由电动机、制动器、减速器（无齿轮电梯无减速器）、曳引轮等组成，靠曳引绳与曳引轮的摩擦力来实现轿厢运行。曳引机可分为有齿轮曳引机（用于轿厢速度 $v < 2$ m/s 的电梯）与无齿轮曳引机（用于轿厢速度 $v \geq 2$ m/s 的电梯）两种类型。曳引机是使电梯轿厢升降的起重机械。

（1）电动机

电动机是拖动电梯的主要动力设备。它的作用是将电能转换为机械能，产生转矩，此转矩输入减速器，减慢转速增大转矩，带动其输出轴上所装的曳引轮旋转（无齿轮电梯不用减速器，而是由电动机直接带动曳引轮旋转），然后由曳引轮上所绕的曳引钢丝绳将曳引轮的旋转运动转化为钢丝绳的直线移动，使轿厢上下升降运动。

电梯上常用的电动机有：①单速笼型异步电动机。这种电动机只有一种额定转速，一般用于杂物电梯等。②双速双绕组笼型异步电动机。这种电动机高速绕组用于起动、运行，低速绕组用于电梯减速过程和检修运行，国产电梯使用较多。③双速双绕组线绕转子异步电动机。这种电动机的结构，在发热和效率方面均优于笼型。④曳引机用直流电动机。对于有齿轮直流电梯，常采用型号为 ZTD 的直流电动机，用于快速电梯和高速电梯。

（2）制动器

制动器是电梯曳引机当中重要的安全装置。制动器的作用是使在运行中的电梯断电后立即停止运行，并使停止运行的电梯轿厢在任何停车位置定位，不再移动，直到再次通电时轿厢才能再次运行。

电梯曳引机上一般都采用常闭式双瓦块型直流电磁制动器。它性能稳定、噪声较低、工作可靠，即便是交流电动机拖动的曳引机构，也可以配用直流电磁制动器，由专门的整流装置供电（直流电梯由励磁电源供电）。

对于有齿轮曳引机，制动器应装在电动机与减速器连接处的带制动轮的联轴器上。对于无齿轮曳引机，制动轮常与曳引轮铸成一体，直接装在电动机轴上。当曳引电动机通电时，制动器立即松闸；切断电动机的电源，制动器立即合闸，使轿厢立即停止在停机位置不动。当制动器合闸时，制动闸瓦应紧密地贴合在制动轮的工作面上，制动轮与闸瓦的接触面积应大于闸瓦面积的80%。松闸时，两侧闸瓦应同时离开制动轮，其间隙应不大于0.7 mm，且四周间隙数值应相同。

（3）曳引减速器

对于低速或快速电梯，轿厢的额定速度为0.5~1.75 m/s，但是常用的交流或直流电动机的同步转速为1 000 r/min，这些电动机只有中高速小扭矩，不能适应电梯低速大扭矩的要求。必须通过减速器降低转速增大扭矩，才能适应电梯运行的需求。

在众多类型的减速器中，蜗杆传动减速器最适宜用作电梯曳引机的减速器。这是由于蜗杆传动减速器结构最紧凑，减速比（即传动比）较大，运行较平稳，噪声较小。其缺点是效率较低和发热量较大。常用蜗杆传动减速器有蜗杆下置式传动减速器、蜗杆上置式传动减速器和立式蜗杆传动减速器三种，其中蜗杆下置式传动减速器可靠且常用。

（4）曳引轮

钢丝绳曳引电梯的轿厢和对重是由钢丝绳绕着曳引轮而悬挂在曳引轮左、右两侧。钢丝绳与曳引轮上的绳槽接触，它们之间产生的摩擦力作为曳引力。曳引轮在曳引机拖动下产生的旋转运动，通过钢丝绳转化为直线移动，并通过曳引作用，将运动传给轿厢与对重，使其能悬挂在曳引轮两侧作直线升降移动。

曳引轮材料为球墨铸铁，它的圆周上车制有绳槽，常用绳槽的槽形有半圆槽、V形槽和凹形槽（也称为带切口半圆槽）三种。由于槽形的不同、钢丝绳与曳引轮间的曳引力也不同，应选择适合的曳引轮绳槽槽形。

2. 限速器

限速器设置在井道顶部的适当位置，在轿厢向下超速运行时起作用。限速器的动作应发生在速度大于等于额定速度115%以上时。此时，限速器将限速钢丝绳轧住，同时断开安全钳开关，使主机和制动器同时失电制动，并拉动安全钳拉杆使安全钳动作，用安全钳钳块将轿厢轧在导轨上，掣停轿厢，防止发生重大事故。

3. 极限开关

（1）开关的功能特点

这种开关一般装在机房内，当电梯轿厢运行到达井道的上、下端站极限工作位置时，若端站限位开关失效而超过轿厢极限工作行程 50～200 mm 时，此极限开关就应动作切断电梯的主电源而停住轿厢。常用的极限开关是一种特殊设计的闸刀开关，它可以作电源开关使用，也可与电源开关连接。当轿厢超过极限位置时，附装在轿厢架上的越程撞弓与井道内所设置的越程打脱架碰撞，使打脱架动作并拉动越程开关钢丝绳，使极限开关动作，切断主回路，使轿厢停止运行。这是电梯中除去端站减速开关及端站限位开关以外的最后一道防线。其动作主要是依靠机械动作来拉动闸刀开关。它对轿厢上、下端站的超越极限工作位置都能适用。由于极限开关只在上、下端站减速开关和上、下端站限位开关都失效时才会起作用，动作机会较少，所以不易损坏，但每次动作后，工作人员必须到机房内手动复位，才能使电梯继续运行。

（2）极限开关设置和使用要求

极限开关应是用机械的动作来保证切断电梯主电源的开关装置，不允许利用空气开关或其他电气控制方式来操作，此种开关必须能带负荷合闸或松闸，并且不能自动复位。一次越程动作断电后，必须查明轿厢越程的原因，排除故障后，才能将极限开关复位和接通电源。

4. 控制柜（俗称电台）

控制柜设置在机房内与曳引机相近的位置，该柜上有各种继电器和接触器，通过各种控制线和控制电缆与轿厢上各控制器件连接。当按动轿厢或层站操纵盘上各种按钮时，控制柜上各种相应的继电器就会吸合或断开，操纵电梯起动与制动，以达到预定的自动控制性能和安全保护性能的要求。

5. 选层器和层楼指示器

（1）选层器

选层器可与轿厢同步运动，它的作用是判定记忆下来的内选、外呼和轿厢的位置关系，确定运行方向，决定是否减速停层，预告停车指示轿厢位置，消去应答完毕的呼梯信号，控制开门和发车等。

选层器可分为机械式选层器、电动式选层器、继电器式选层器、电子式选层器等四种。

（2）层楼指示器（即走灯机）

在层楼较少的电梯中，有时不设选层器而设置层楼指示器。它由曳引机主轴一端引出运动，通过链轮、链条、齿轮传动带动电刷旋转，层楼指示器机架圆盘上有代表各停站层的定触头，电刷旋转时与这些触头连通，就点亮了层门上的指示灯、轿内指示灯和使用自保的召唤继电器，在电梯到站时复位。在层楼指示器的作用下，当轿厢位于任一层楼时，相应于该楼的选层继电器吸上接通或断开一组触头，实现控制电梯停车或换向。

6. 导向轮

导向轮也称为过桥轮或抗绳轮，是用于调整曳引钢丝绳在曳引轮上的包角和轿厢与对重的相对位置而设置的滑轮。这种滑轮常用 QT45-5 球墨铸铁铸造后加工。它的绳槽可采用半圆槽，槽的深度应大于钢丝绳直径的 1/3。槽的半径应比钢丝绳半径大 1/20，导向轮的节圆直径与钢丝绳直径之比应为 40，这与曳引轮是一样的。

导向轮的构造分为两种：一种是导向轮轴为固定心轴，在其轮壳中配有滚动轴承，心轴两端用垫板和 U 形螺钉定位固定；另一种导向轮轴也是固定心轴，轮壳中也配有滚动轴承，但心轴两端用心轴座、螺栓、双头螺栓等定位固定。

（二）轿厢

轿厢是电梯中装载乘客或货物的金属结构件，其主要由轿厢架、轿底、轿壁、轿顶等部分组成。

1. 轿厢架

轿厢架又称为轿架，是轿厢中承重的结构件。轿厢架有两种基本类型。第一种是对边形轿厢架，适用于具有一面或对面设置轿门的电梯，这种形式的轿架受力情况较好，是大多数电梯所采用的构造方式。第二种是对角形轿厢架，常用在具有相邻两边设置轿门的电梯上，这种轿厢架受力情况较差，特别对于重型电梯，应尽量避免采用。

轿厢架的构造：不论是对边形轿厢架或对角形轿厢架，均由上梁、下梁、立柱、拉杆等组成，这些构件一般都采用型钢或专门摺边而成的型材，通过搭接板用螺栓连接，可以拆装，以便进入井道组装。对轿厢架的整体或每个构件的强度要求都较高，要保证发生超速而导致安全钳轧住导轨掣停轿厢，或轿厢下坠与底坑内缓冲器相撞时，不会损坏。对轿厢架的上梁、下梁，还要求在受载时发生的最大挠度应小于其跨度的 1/1 000。

2. 轿厢底

轿厢底由底板及框架组成，框架一般用槽钢和角钢制成，有的用板材压制成形后制作，以减轻重量。底板直接与人和货物接触，对于货梯因承受集中载荷，所以底板一般用 4 ~ 5 mm 的花纹钢板直接铺设；对于客梯常采用多层结构，即底层为薄钢板，中间是原夹板，面层铺设塑胶板或地毯等。

3. 轿壁

一般轿厢的厢壁用厚度为 1.5 mm 的钢板经摺边后制作，为满足装饰的要求，轿壁可由钢板涂塑，或贴铝合金板带嵌条，有高级的电梯贴覆镜面不锈钢做装饰。有时为了减轻自重，在货梯或杂物梯上，轿壁板上半部可采用钢板拉伸网制作。轿壁应具有足够的机械强度，从轿厢内任何部位垂直向外，在 5 cm² 的圆形或方形面积上，施加均匀分布的 300 N 力，其弹性变形不得大于 15 cm。

4. 轿顶

轿顶上应能支撑两个人。在厢顶上任何位置应都能承受 2 000 N 的垂直力而无永久变形。此外，轿顶上应有一块不小于 0.12 m² 的站人用的净面积，其小边长度至少应为 0.25 m。对于轿内操作的轿厢，轿顶上应设置活板门（即安全窗），其尺寸应不小于 0.3 m × 0.5 m。该活板门应有手动锁紧装置，可向轿外打开，活板门打开后，电梯的电气连锁装置断开，使轿厢无法移动，以保证安全。同时，轿顶还应设置检修开关、急停开关和电源插座，以满足检修人员在轿顶上工作时的需求，在轿顶靠近对重的一面应设置防护栏杆，其高度不应超过轿厢架的高度。

5. 平层感应器

在采用电气平层时常用簧管式平层感应器，装在轿厢顶侧的适当位置。当电梯运行进入平层区域时，由井道内固定在导轨背面的平层感应钢板（也称为遮磁板）插入固定在轿厢架上的感应器而发出信号，使电梯自动平层。

6. 安全钳

安全钳装在轿厢下横梁旁侧，它在轿厢下行时因超载、断绳、失控等原因而发生超速下降或坠落时动作，将轿厢轧住掣停在导轨上。

（三）层站部分

1. 电梯门

门的分类：按安装位置分类，电梯门可分为层门和轿厢门。层门装在建筑物每层层站的门口，轿厢门挂在轿厢上坎，并与轿厢一起升降。按开门方式分类，可分为水平滑动门和垂直滑动门两类。水平滑动门又分为中分式门和旁开式门。中分式门有单扇中分、双折中分；旁开式门有单扇旁开、双扇旁开（双折门）、三扇旁开（三折门）。

层门与轿厢门的配置关系有：中分式封闭门、双折式封闭门、中分双折式封闭门。

2. 层门层楼显示器

层门层楼显示器即层楼指示灯，装在层门上面或侧面，向层站上乘客指示电梯行驶方向及轿厢所在层楼。也有不用指示灯而用指针的机械式层楼显示器。

3. 层门呼梯按钮

装在层门侧面，分为单按钮和双按钮两种。在上端站或下端站应装设单按钮，其余层站应装设双按钮。

（四）井道部分

1. 导轨

导轨是为电梯轿厢和对重提供导向的构件。电梯导轨的种类以其截面形状分为T形、L形和空心三种。

2. 导轨架

导轨架作为支撑和固定导轨用的构件，固定在井道壁或横梁上，承受来自导轨的各种作用力，其种类可分为以下几种：

按服务对象可分为：轿厢导轨架、对重导轨架、轿厢与对重共用导轨架等。

按结构形式可分为：整体式结构和组合式结构。

导轨架有多种形状，常见的有山形导轨架，其撑臂是斜的，倾斜角为15°或30°，具有较好的刚度，一般为整体式结构，常用于轿厢导轨架。

3. 补偿装置

电梯行程 30 m 以上时，曳引轮两侧悬挂轿厢和对重的钢丝绳的长度分布变化较大，需要在轿厢底部与对重底部之间装设补偿装置来平衡因曳引钢丝绳在曳引轮两侧长度分布变化而带来的载荷分布过大变化。它有补偿链和补偿绳两种形式。

补偿链：以铁链为主体，悬挂在轿厢与对重下面。为降低运行中铁链碰撞引起的噪声，可在铁链中穿上麻绳。此种装置结构简单，但不适用于高速电梯，一般用于速度小于 1.75 m/s 的电梯。

补偿绳：以钢丝绳为主体，悬挂在轿厢或对重下面，具有运行较稳定的优点，常用于速度大于 1.75 m/s 的电梯。

补偿链悬挂安装时，轿厢底部采用 S 形悬钩及 U 形螺栓连接固定。

新型补偿链在其结构的中间有低碳钢制成的环链，并填塞金属颗粒以及具有弹性的橡胶、塑料混合材料，形成表面保护层。此种补偿链密度高，运行噪声小，可适用于各类快速电梯。

4. 对重

对重的作用是平衡轿厢侧所悬挂的重量，以减少曳引机功率负担和改善曳引性能。

对重由对重架和对重块组成。对重架上安装有对重导靴。当采用 2∶1 曳引方式时，在架上设有对重轮，此时应设置防护装置，以避免悬挂绳松弛时脱离绳槽，并能防止绳与绳槽之间进入杂物。有的电梯在对重上设置安全钳，此时，安全钳设在对重架的两侧。对重架通常以槽钢为主体构成，有的对重架为双栏结构，可减小对重块的尺寸，便于搬运。对于金属对重块，在电梯速度不大于 1 m/s 时，则应用两根拉杆将对重块紧固住。重块多用灰铸铁制造，其造型和重量均要适合安装维修人员的搬运。对重块装入对重架后，需要用压板压牢，防止其在电梯运行中发生窜动。

5. 控制电缆

轿厢内所有电气开关、照明、信号的控制线都要与机房、层站连接，均需使用控制电缆。一般在井道中间位置有接线盒引出接头，通过控制电缆从轿厢底部接入轿厢，也可从机房控制柜直接引入井道。

6. 限位开关及减速开关

限位开关控制电梯轿厢运行时不超过上、下端站极限位置，如果轿厢越位碰到限位开关，就会切断电梯控制回路，使电梯停止运行。限位开关装在井道上部和底坑中，开关上装有橡胶滚轮，轿厢上装有撞弓，轿厢在正常行程范围内，撞弓不会碰到限位开关，只有发生故障或超载、打滑时才会碰到限位开关而切断控制回路。

上端站减速开关在上端站限位开关下方，下端站减速开关在下端站限位开关上方。当轿厢运行到上端站或下端站进入减速位置时，轿厢上的撞弓碰到减速开关，该开关动作将继电器切断使轿厢减速以防止越位。这种装置属于机械碰撞转换为电气动作，所以也称为机械强迫减速装置。

第三章 承压类特种设备检测

第一节 特种设备磁粉检测

一、磁粉检测方法分类

磁粉检测是以磁粉作显示介质对缺陷进行观察的方法。根据磁化时施加的磁粉种类的不同，有湿法和干法之分；根据在工件上施加磁粉的时间，有连续法和剩磁法之分。

（一）湿法和干法

湿法又叫磁悬液法。在工件检测过程中将磁悬液均匀浇浸在工件表面上，利用载液的流动和漏磁场对磁粉的吸引，可显示设备缺陷的形状和大小。

干法又叫干粉法。在一些特殊场合下，不能采用湿法进行检测，需要采用特制的干磁粉，直接施加在被磁化的工件上，工件的缺陷处会显示磁痕。

湿法检测中，由于磁悬液的分散作用及悬浮性能，采用的磁粉颗粒较小，因此它具有较高的检测灵敏度。而干法采用的磁粉颗粒一般较大，而且只能用于连续法磁化，因此它只能发现较大的缺陷。一些细微的缺陷，如细小裂纹及发纹等，用干法检测不容易检测出来。

干法检测多用于大型铸、锻件毛坯及大型结构件、焊接件的局部区域检查，通常与便携式设备配合使用。湿法检测通常与固定式设备配合使用，特别适用于批量工件检查，检测灵敏度比干法要高，磁悬液可以回收和重复使用。

（二）连续法和剩磁法

连续法（附加磁场法或现磁法）是在工件被外加磁场磁化的同时施加磁粉或磁悬液，当磁痕形成后，立即进行观察和记录。剩磁法是先将工件进行磁化，然后在工件上浇浸磁悬液，待磁粉凝聚后再进行观察和记录，这是一种利用工件剩余磁性进行检测的方法，故叫剩磁法。

几乎所有的钢铁零件都能采用连续法进行检测，而选择剩磁法检测的工件则必须在磁化后具有相当的剩余磁性。一般的低碳钢、低合金钢及退火后或热变形后的工件，只能采用连续法检测。而经过淬火、调质、渗碳渗氮等处理后的高碳钢和合金结构钢，其剩余磁感应强度和矫顽力均较高，一般可以采用剩磁法处理后检测。在承压类特种设备现场检测中，多采用连续法进行检查。

（三）磁粉检测—橡胶铸型法

磁粉检测—橡胶铸型法是采用剩磁法将显示出的不连续磁痕用室温硫化硅橡胶进行复印，然后根据复印所得的橡胶铸型件在显微镜下对不连续的磁痕进行观察和记录。磁粉检测—橡胶铸型法检验的工序如下：

①用剩磁法磁化零件：如果相邻两个孔的间距小于 50 mm，应对孔间隔磁化，如先磁化 1、3、5 等单号孔，后磁化 2、4、6 等双号孔。

②浇注磁悬液：用滴管将搅拌均匀的磁悬液注入孔内并注满，保持 10 s 左右后将磁悬液去掉。

③漂洗：用滴管将无水乙醇注入孔内，注满后再去掉。

④干燥：充分干燥孔壁。

⑤堵孔：对通孔要用胶布或胶纸贴在孔的下端进行封堵。

⑥安放金属套：在受检孔上端安放一个高 10 ~ 15 mm，内径大于受检孔的金属套，以便于标记和拨出橡胶铸型件。

⑦浇注橡胶液：将橡胶液倒在塑料杯内，加入适量的硫化剂搅拌均匀，经过金属套慢慢注入孔内，至注满金属套为止。

⑧取橡胶铸型件：待橡胶液固化后，去掉堵孔材料，用手握住金属套轻轻松动橡胶铸型件两端，然后将其慢慢拨出或用棍顶出。

⑨磁痕观察：用 10 倍放大镜观察橡胶铸型件上的磁痕。若要间断跟踪疲劳裂纹的扩展情况，则必须在显微镜（放大倍数为 20 ~ 40 倍）下观察并用带读数的目镜测量裂纹的长度。

⑩记录和保存：检验结果应记入专用记录本中，橡胶铸型件也应该用玻璃纸包好，装入专用试样袋内长期保存。

二、磁化操作

（一）磁化电流的调节

在磁粉检测中，磁场的产生主要靠磁化电流来完成，调节好磁化电流是磁化操作的基本要求。由于磁粉检测中通电磁化时电流较大，为防止开关接触不良时产生电弧火花烧伤电触头，通常分别进行电压调整和电流检查，即将电压开路调整到一定位置再接通磁化电流，一般不在磁化过程中调整电流。调整时，电压也是从低到高进行调节，以避免工件过度磁化。电流的调整应在工件置入探伤机，形成通电回路后才能进行。对通电法或中心导体法磁化，电流调整好后不能随意更换不同类型的工件。必须更换时，应重新核对电流，如果不符合要求应重新调整。

（二）综合性能鉴定

磁粉检测系统的综合性能是指利用自然或人工缺陷试块上的磁痕来衡量磁粉检测设备、磁粉和磁悬液的系统组合特性。综合性能又叫综合灵敏度，它可以反映设备工作是否正常及磁介质的好坏。

鉴定工作通常在每批检测开始前进行。用带自然缺陷的试块鉴定时，缺陷应能代表同类工件中常见的缺陷，并具有不同的严重程度。当按规定的方法和磁化规范检查时，若能清晰地显现试块上的全部缺陷，则认为该系统的综合性能合格。当采用人工缺陷试块（环形试块或灵敏度试片）时，用规定的方法和磁化规范检查，试块或试片上应清晰显现适当大小和数量的人工缺陷磁痕，这些磁痕表征了系统的综合性能。

（三）磁粉介质的施加

1. 干燥操作的要求

干法检测常与触头支杆、Ⅱ形磁轭等便携式设备并用，主要用来检查大型毛坯件、结构件及不便于用湿法检查的工件。

干法检测必须在工件表面和磁粉完全干燥的条件下进行，否则表面会黏附磁粉使衬底变差影响观察缺陷。同时，干法检测在整个磁化过程中要一直保持通电磁化，只有观察磁痕结束后才能撤除磁化磁场。施加磁粉时，干粉应呈均匀雾状分布于工件表面，形成一层薄而均匀的磁粉覆盖层。然后用压缩空气轻轻吹去多余的磁粉。吹粉时，要有顺序地移动风具，从一个方向吹向另一个方向，注意不要破坏缺陷形成的磁痕，特别是磁场吸附的磁粉。此外，磁痕的观察和记录应在施加干磁粉和去除多余磁粉的同时进行。

2. 湿法操作的要求

湿法有油、水两种磁悬液。它们常与固定式检测设备配合使用，也可以与其他设备并用。

湿法的施加方式有浇淋和浸渍。浇淋是通过软管和喷嘴将液槽中的磁悬液均匀地喷洒到工件表面，或者用毛刷或喷壶将搅拌均匀的磁悬液涂洒在工件表面。浸渍是将已被磁化的工件浸入搅拌均匀的磁悬液槽中，在工件被润湿后再慢慢从槽中取出来。浇淋法多用于连续磁化及尺寸较大的工件，浸渍法则多用于剩磁法检测时尺寸较小的工件。采用浇淋法时，要注意液流不要过大，以免冲掉已经形成的磁痕；采用浸渍法时，要注意在液槽中的浸放时间和取出方法，浸放时间过长或取出太快都将影响磁痕的生成。

使用水磁悬液时，载液中应含有足够的润湿剂，否则会造成工件表面的不湿润现象（水断现象）。当水磁悬液浸过工件时，若工件表面液膜断开形成许多小水点，就不能进行检测，此时应加入更多的湿润剂。工件表面的粗糙度越低，所需要的润湿剂也越多。

在半自动化检查中，使用多喷嘴对工件进行磁悬液喷洒时，应注意调节各喷嘴的位置，使磁悬液能均匀地覆盖整个检查面。注意各喷嘴磁悬液的流量大小，防止液流过大影响磁痕形成。

（四）连续法和剩磁法操作要点

1. 连续法的操作要点

采用湿法时，在工件通电的同时施加磁悬液，至少通电两次，每次时间不得少于 0.5 s，磁悬液均匀湿润后再通电几次，每次 1～3 s，检验可在通电的同时或断电之后进行。

采用干法检测时应先进行通电，通电状态下均匀喷撒磁粉，并在通电的同时用干燥空气吹去多余的磁粉，在完成磁粉施加并观察磁痕后，才能切断电源。

2. 剩磁法的操作要点

磁化电流的峰值应足够高，通电时间为 0.25～1 s；冲击电流持续时间应在 0.01 s以上，并应反复通电几次。

工件要用磁悬液均匀润湿，有条件时应采用浸渍的方式。工件浸入磁悬液中数秒（一般为 3～20 s）后取出，然后静置数分钟后再进行观察。采用浇淋方式时，应注意液压要小，可浇 2～3 次，每次间隔 10～15 s，注意不要冲掉已形成的磁痕。在剩磁法操作时，从磁化到磁痕观察结束前，被检工件不应与其他铁磁性物体接触。

（五）磁化操作技术

工件磁化方式有周向磁化、纵向磁化及多向磁化。磁化方式不同时，应注意其对磁化操作不同的要求。

当采用通电法周向磁化时，由于磁化电流较大，在通电时要注意防止工件过热或因工件与磁化触头接触不良造成端部烧伤。在探伤机触头上，应有完善的接触保护装置，如覆盖铜网以减少工件和触头间的接触电阻。另外，在夹持工件时，应有一定的接触压力和接触面积，使接触处有良好的导电性能。在磁化时，还应注意施加电流的时间不宜过长，以防止工件温度超过许可范围。此外，如果触头与工件间接触不良，则容易在触头电极处烧伤工件或使工件局部过热。在检测时，触头与工件间的接触压力应适宜，与工件接触或离开工件时要断电操作，防止接触处产生火花烧伤工件。在进行触头法检查时，应根据需要进行多次移动磁化，每次磁化应按规定有一定的有效检测范围，并注意有效范围边缘应相互重叠。检测用触头的电极一般不用铜制作，因为铜在接触不良产生火花时，可能渗入钢铁中影响材料的性能。

在采用中心导体法磁化时，芯棒的材料可用铁磁性材料，也可不用铁磁性材料。为了减少芯棒导体的电阻，常常采用导电性良好并具有一定强度的铜棒（铜管）或铝棒。当芯棒位于管形工件中心时，工件表面的磁场是均匀的，但当工件直径较大，探伤设备又不能提供足够的电流时，也可采用偏置芯棒法来检查。偏置芯棒应靠近工件内表面，检测时应不断转动工件（或移动工件），这时工件圆弧面分段磁化，相邻区域要有一定的重叠面。

采用线圈法进行纵向磁化时，应注意交、直流线圈的区别。在线圈中磁化时，工件应平行于线圈轴线放置。不允许在手持工件放入线圈的同时通电，特别是采用直流电线圈磁化时，更应该防止磁力过强吸引工件造成对人的伤害。若工件较短（$L/D < 2$），可以将数个短工件串联在一起进行检测。若工件长度远大于线圈直径，由于线圈有效磁化范围的影响，应对长工件进行分段磁化。分段时，每段不应超出线圈直径的一半，且磁化时要注意各段之间的覆盖。直流线圈磁化时，工件两端头部分的磁力线是发散的，端头面上的横向缺陷不易显示，检测灵敏度不高。

用磁轭法进行直流纵向磁化时，磁极与工件间的接触要好，否则在接触处将产生很大的磁阻，影响检测灵敏度。用极间磁轭法磁化时，如果工件截面大于铁芯截面，工件中的磁感应强度将低于铁芯中的磁感应强度，工件得不到必要的磁化，且工件两端由于截面突变在接触部位会产生很强的漏磁场，使工件端部检测灵敏度降低。为避免以上情况，工件截面最好与铁芯截面接近。用极间磁轭法磁化时，还应注意工件的长度，一般长度应在 0.5 m 以下，最长不超过 1 m，过长时工件中部将得不到必要的磁化，此时只有在中间部位移动线圈进行磁化，才能保证工件各部位检测灵敏度的一致。

在使用便携式磁轭及交叉磁轭旋转磁场检测时，应注意磁极端面与工件表面的间隙不能过大，如果有较大的间隙存在，将有很强的漏磁场吸引磁粉，形成检测盲区并将降低工件表面上的检测灵敏度。检测平面工件时，还应注意磁轭在工件上的行走速度要适宜，并保持一定的覆盖面。

对于其他的磁化方法，也应注意其使用的范围及有效磁化区。注意操作的正确性，防止因操作失误影响检测工作的进行。不管采用何种检测方法，在通电时都不允许装卸工件，特别是采用通电法和触头法时更是如此。这一方面是为了操作安全，另一方面也是防止工件端部受到电烧伤而影响产品使用。

三、磁粉检测质量控制

为了保证磁粉检测的质量，即保证磁粉检测的灵敏度、分辨率和可靠性，必须对影响检测结果的诸因素进行控制。如检测人员须经过培训并拥有相应资格；设备和材料的性能符合要求；从磁粉检测的预处理到后处理全过程要严格按标准和规范进行；检测环境也应满足要求。

检测灵敏度是指发现最小缺陷磁痕显示的能力。能检测出的缺陷越小，检测灵敏度就越高，所以磁粉检测灵敏度是指绝对灵敏度。在实际应用中，并不是灵敏度越高越好，因为过高的灵敏度会影响缺陷的分辨率和细小缺陷磁痕显示的可重复性，同时还会造成浪费。磁粉检测的分辨率是指可能观察到的最小缺陷磁痕显示和对它的位置、形状及大小的鉴别能力。磁粉检测的可靠性是指在满足要求的检测灵敏度与分辨率前提下，对细小缺陷磁痕显示检测的可重复性，不出现漏检、误判，从而真实、准确地评判受检件质量状况的能力。

影响磁粉检测质量的因素包括：①磁场强度和磁化电流。②磁化方法。③磁粉和磁悬液性能。④设备性能。⑤工件形状和表面状态。⑥缺陷性质、方向和埋藏深度。⑦操作程序。⑧检测工艺及方法。⑨检测人员的素质、经验。⑩环境条件。⑪照明条件。

（一）人员资格的控制

从事特种设备原材料、零部件和焊接接头磁粉检测的人员，应按照《特种设备无损检测人员考核规则》的要求，取得相应的无损检测资格。磁粉检测人员按技术等级分为Ⅲ级（高级）、Ⅱ级（中级）和Ⅰ级（初级）。取得不同无损检测方法各技术等级的人员，只能从事与该方法和等级相应的检测工作，并负相应的技术责任。

由于磁粉显示主要靠目视观察，所以要求磁粉检测人员应具有良好的视力。磁粉检测人员未经矫正或经矫正的近（距）视力和远（距）视力应不低于5.0（小数记录值为1.0），并每年检查1次视力，不得有色盲。

磁粉检测是保证产品质量和安全的一项重要手段，所以检测人员的培训、资格鉴定和人员素质是至关重要的，必须符合《特种设备无损检测人员考核规则》的要求。磁粉检测人员除具有一定的磁粉检测基础知识和专业知识外，还应具备无损检测的相关知识，特种设备的专门知识及相关法规、标准知识，并掌握相关无损检测专业知识在承压设备无损检测中的应用。检测人员还应具有丰富的实践经验和熟练的操作技能。

（二）设备质量的控制

不适宜的设备可导致检验质量降低，选择性能好的检测设备是获得优良检测结果的重要保证。选择设备时，应当考虑设备的使用特点、主要性能以及应用范围，要注意设备的定期校验，不合格的设备不能使用。

1. 电流表精度校验

磁粉探伤机上的电流表可单独拆下来校验，但最好是在探伤机上与互感器或分流器一起校验，每半年至少进行1次。当设备进行重要电器修理、周期大修或损坏后修理，还应补充进行校验。

（1）交流电流表

如果探伤机的额定周向磁化电流为9 000 A，则可选用9 000/5的标准电流互感器和 5 A 的标准交流电流表进行校验。将一长 500 mm，直径至少 25 mm 的铜棒穿在电流互感器中，夹持在探伤机的两触头之间通电，可在使用范围内至少选 3 个电流值，比较标准电流表与探伤机上的电流表读数值，误差小于 ±10% 为合格。

（2）直流电流表

将标准分流器夹持在探伤机的两触头之间通电，应在可使用范围内至少选 3 个电流值，比较标准电流表与探伤机上电流表的读数值，误差小于 ±10% 为合格。

2. 设备内部短路检查

磁粉检测设备如果出现内部短路，会造成磁粉检测时工件的成批漏检，后果极其严重，所以必须定期进行内部短路检查，每年至少检查 1 次。检查方法是将磁化电流调节到使用范围的最大电流，当探伤机两触头之间不夹持任何导体时，通电后电流表的指针如果不动，说明无短路，此检查仅适用于磁化触头通电的固定式探伤机。

3. 电流载荷校验

探伤机的电流载荷，是指探伤机额定输出的周向磁化电流值，每年至少校验 1 次。校验方法是将一长 400 mm，直径为 25 ~ 38 mm 的铜棒夹持在探伤机的两触头之间通电，观察电流表指示值。将磁化电流值分别调节到最小电流值和最大电流值，检查最小电流值是否足够小，避免在检查小工件时烧伤工件；检查最大电流值能否达到探伤机的额定输出值，如果达不到，应挂标签说明实际可达到的磁化电流值范围。

4. 快速断电校验

快速断电效应检验可使用快速断电测量器校验。这里仅就校验三相全波整流电磁化线圈的方法进行介绍。具体方法是：①去掉测量器上的铜板和托架。②去掉线圈内所有的铁磁性材料。③把测量器放在线圈内壁底部，与线圈绕组垂直，观察测量器上红色氖灯泡指示情况。连续通电 20 次，若每次红灯泡都亮，说明该设备快速断电功能正常。

5. 通电时间校验

在三相全波整流磁粉探伤机上，用时间继电器来控制磁化电流的持续时间，要求通电时间控制在 0.5 ~ 1 s。可使用袖珍式电秒表测量，每年至少校验 1 次。

6. 电磁轭提升力校验

电磁轭的提升力应每半年至少校验 1 次。在磁轭损伤修复后，应重新校验。永久磁轭在第一次使用前应进行提升力检验。当磁轭为最大间距时，交流电磁轭至少应有 45 N 的提升力；直流电磁轭至少有 177 N 的提升力；交叉磁轭至少应有 118 N 的提升力。以上磁极与工件表面间隙应控制在 0.5 mm 以下。

7. 测量仪器校验

磁粉检测用的测量仪器，如照度计、黑光辐照计、袖珍磁强计、毫特斯拉计（高斯计）和袖珍式电秒表应每年校验 1 次。这些仪器在大修后还应重新校验。

（三）材料质量的控制

不适宜的材料会导致检验质量降低，选择性能好的检测材料是获得优良检测结果的重要保证。选择材料时，应当考虑设备的使用特点、主要性能以及应用范围。不合格的材料不能使用。

1. 磁悬液浓度测定

对于在固定式探伤机上能够循环使用的磁悬液，浓度测定一般采用梨形沉淀管，用测量容积的方法来测定，于每天开始检验前进行。测定方法如下。

①充分搅拌磁悬液，取 100 mL 注入沉淀管中。

②对沉淀管中磁悬液退磁（新配制的除外）。

③水磁悬液静置 30 min，油磁悬液静置 60 min，变压器油磁悬液静置 24 h。

④读出沉积磁粉的体积。磁悬液浓度应符合合理的工艺要求。

2. 磁悬液污染判定

在每次配制磁悬液时，将搅拌均匀的磁悬液在玻璃瓶中注入 200 mL，放在阴暗处，作为标准磁悬液。用于每周一次和使用过程中的磁悬液做对比试验，进行污染判定。具体测定方法如下：

①充分搅拌磁悬液，取 100 mL 注入沉淀管中。

②对沉淀管中磁悬液进行退磁（新配制的除外）。

③水磁悬液静置 30 min，油磁悬液静置 60 min，变压器油磁悬液静置 24 h。

④在白光灯和黑光灯（用于荧光磁悬液）下观察，梨形管中沉积物中若明显分成两层，当上层（污染物）体积超过下层（磁粉）体积的 30% 时判定为污染。

⑤用未使用过的标准磁悬液与使用过的磁悬液进行比较，若在黑光灯下观察荧光磁粉的亮度和颜色明显降低，或磁悬液沉淀物上载液发出荧光，以及磁悬液变色、结团等都可判定为磁悬液污染，应更换新磁悬液。

3. 水磁悬液润湿性能试验（水断试验）

应在每次检测前进行，试验方法是将水磁悬液浇浸在工件表面，停止浇浸磁悬液后，如果工件表面水磁悬液薄膜是连续不断的，且在整个工件表面连成一片，说明润湿性能良好；如果工件表面的水磁悬液薄膜断开，工件有表面裸露，即有水断表面，则说明水磁悬液的润湿性能不合格。此时，应清洗工件表面或添加润湿剂，使之完全润湿。

（四）检测工艺的控制

1. 技术文件

为了保证磁粉检测的可靠性，必须严格按照有关标准制定检测工艺规程和操作指导书，实际操作过程中应认真遵守工艺规程。所有技术文件应齐全、正确，并应符合现行标准，切实可行。

2. 综合性能试验

磁粉检测综合性能试验，即系统灵敏度试验，应在初次使用探伤机时及此后每天开始检测工作前进行。综合性能试验可采用下列样件之一进行，试验方法分别如下：

（1）自然缺陷标准样件

按规定的磁粉检测要求，对自然缺陷标准样件进行检验，如果样件上的已知缺陷磁痕能清晰显示，综合性能试验合格。

（2）E型标准试块

将E型标准试块穿在铜棒上，通以700 A（有效值）的交流电，用中心导体法周向磁化，用湿连续法检验，在E型标准试块上若清晰显示一个人工孔的磁痕，综合性能试验合格。

（3）标准试片

将标准试片贴在被检工件表面，进行磁化和湿连续法检验，按所要求的灵敏度等级，如果磁痕能清晰显示，综合性能试验合格。

（五）检测环境的控制

采用非荧光磁粉检测时，检测地点应有充足的自然光或白光；采用荧光磁粉检测时，要有合适的暗区或暗室。

1. 可见光照度

在磁粉检测场地应有均匀而明亮的光源，要避免强光和出现阴影。采用非荧光磁粉检验时，被检工件表面的可见光照度应大于等于1 000 lx。若在现场由于条件所限，无法满足时，可以适当降低，但不能低于500 lx。ASME/SE—709建议可见光照度采用照度计测量，每周1次，NB/T 47013—2021中要求黑光辐照度计、光照度计至少每年校准一次。

2. 黑光辐照度

采用荧光磁粉检测时，应有能产生波长在320～400 nm，中心波长为365 nm的黑光灯。在工件表面的黑光辐照度应大于或等于1 000 μW/cm^2。黑光灯电源线路电压波动超过±10%时，应装稳压电源。黑光辐照度采用黑光辐照度计测量。ASME. V要求黑光辐照度最少每8 h和每当工作场所改变时测量1次，NB/T 47013—2021中要求黑光辐光照度计、光照度计至少每年校准1次。

3. 环境光照度

采用荧光磁粉检测时，暗区或暗室的环境光照度应不大于20 lx。所谓环境光，是指来自所有光源，包括从黑光灯发出的检验区域的可见光。ASME/SE—709建议采用环境光照度计测量，每周1次。而NB/T 47013—2021中要求照度计至少每半年校验1次。

第二节　特种设备超声检测

一、超声类检测技术介绍

（一）超声类检测技术的优势

无损检测技术是一种不破坏试件，只借助某种物理现象或数学原理，就可以检测到试件的内部结构及性质的方法，能够对试件中可能存在的危险因素做出预测。将这一技术应用于压力容器的检测中，能够随时了解其质量，保证其安全运行。无损检测技术种类较多，常规检测技术有涡流、超声、射线、磁粉、渗透检测，这些方法由于检测原理不同而应用于不同的场合，其中能够用于检测隐藏于工件内部缺陷的方法有超声波和射线检测法。射线检测法对于裂纹类缺陷检出率不高，操作步骤比较烦琐，且对人体健康有害，虽然操作过程中会借助一定的防护手段，仍不可避免损害检测人员的健康。相比于其他几种检测方法，超声检测技术具有以下几方面的优势：

①不局限于金属材质，还适用于其他材质工件的检测，如非金属及复合材料的工件。

②超声波具有很强的穿透力，因此可探测的厚度范围大。

③对于裂纹等平面型缺陷反应极为敏感，检出率高。

④能够比较准确地定位缺陷，并能够探测出小尺寸的缺陷。

⑤检测高效，设备轻便，对人体健康无害等。

超声检测技术凭借突出的优势得到高速发展，广泛应用于焊接接头质量的评价。但由于焊缝成型的不规则性和焊缝超声检测的不直观性，以及检测人员、检测对象、仪器探头等诸多因素，可能产生漏检或误判，这使焊缝超声检测在一些重要产品制造的质量控制上受到限制。研究承压类特种设备的超声检测技术对工程实际有较大的指导意义。

（二）超声检测成像

超声成像就是用超声波获得物体可见图像的方法。

由于超声波可以穿透很多不透光的物体，所以利用超声波可以获得这些物体内部结构声学特性的信息，超声成像技术将这些信息变成人眼可见的图像。由声波直接形成的图像称为声像，由于生理的限制，人眼是不能直接感知声像的，必须采用光学的或电子学的或其他方式转化为肉眼可见的图像或图形，这种肉眼可见的像称为声学像。声学像反映了物体内部某个或几个声场参量的分布或差异。反过来，对于同一物体，利用不同的声学参量，例如声阻抗率、声速或声衰减等，可以生成不同的声学像。

1. 扫描超声成像

扫描超声成像是超声检测数据的图像化显示，最基本的超声扫描方式有 A 扫描、B 扫描、C 扫描、D 扫描、S 扫描、P 扫描等，它们分别是超声脉冲回波在荧光屏上不同的显示方式。

2. 超声波显像

声波是力学波，它会改变传播介质中的一些力学参数，比如质点位置、质点运动速度、介质密度等，利用这些参数变化可以使声波成为可见的图像。1937 年，Pohlman 制成第一台声光图像转换器。到目前，最有效而常用的声波显示方法是施利仑法和光弹法。施利仑法的根据是声波导致介质密度变化，而后引起光折射率的改变。光弹法成像原理是超声引起应力，在各向同性固体中，应力产生光的双折射效应，光通过应力区后，偏振将发生变化。20 世纪 80 年代，我国著名声学专家应崇福和他领导的小组用动态光弹法系统研究了固体中的超声散射，把这个方法的价值提到了新的高度。在他们的散射研究中，首次目睹了声波沿孔壁传播，在材料棱边内部的散射和在带状裂缝的散射，还首次窥见了兰姆波和瑞利波，观察了前者在板端的散射，后者绕材料尖角的散射。他们提高了动态光弹法的显示清晰度，其光弹照片质量之高在国际上已属罕见。

3. 超声全息

超声全息是利用干涉原理来记录被观察物体声场的全部信息，并实现成像的一种声成像技术和信息处理手段。超声全息大致分为两类：一类是激光重建声全息，它是用与入射波同频率的电信号与探测器的输出电信号相加，用叠加信号的幅度去调制荧光屏光点的亮度，在荧光屏上形成全息图，然后将全息图拍摄下来，再用激光照射全息图，获得重建像。另一类是计算机重建声全息，它是利用扫描记录到的全息函数与重建像函数之间是空间傅氏变换对的关系，直接由计算机计算而实现的重建。

4. 相控阵法

相控阵超声技术基于电磁波相控阵雷达技术，医用 B 超是最先采用相控阵超声技术的。20 世纪 80 年代初，相控阵超声技术从医疗领域跃入工业领域。20 世纪 80 年代中期，压电复合材料的成功研制，为复合型相控阵探头的制作开创了新途径。压电复合技术、微机电技术、微电子技术及计算机技术的最新发展，对相控阵超声技术的完善和精细化都有卓越贡献。

相控阵超声系统由超声阵列换能器和相应的电子控制系统组成。超声阵列换能器由许多小的压电晶片（阵元）按照一定形状排列而成，其内部的各阵元可以独立进行超声发射或接收。在相控阵超声发射状态下，阵列换能器中各个阵元按照一定的延时规律顺序发射声波，产生的超声发射子波束在空间干涉，形成聚焦点和指向性。改变各阵元激发的延时规律，可以改变焦点位置和波束指向，实现在一定空间范围内的扫描。

二、相控阵超声检测技术及应用

（一）相控阵超声检测技术背景及发展历史

超声检测一般指超声波与工件相互作用，通过研究接收到的反射、透射和衍射波等，对工件进行宏观缺陷检测（如超声探伤）、几何特征测量（如超声测厚）、组织结构（如超声测量材料晶粒度）和力学性能变化（如超声测应力）的检测和表征的技术，包括超声波的产生、传播、与缺陷的相互作用、接收、信号处理等。

相控阵超声技术的应用始于 20 世纪 60 年代，是借鉴相控阵雷达技术的原理而发展起来的，初期主要应用于医疗领域，医学超声成像中用相控阵换能器快速移动超声波声束，对被检查器官进行成像；而大功率超声波其可控聚焦特性可使局部升温热疗治癌，使目标组织升温并减少非目标组织的吸收功率。

工业检测中所用超声频率一般约为 5 MHz，高于医学超声约 1 MHz，对设备要求更高。伴随着微电子技术、压电复合材料、数据处理分析、软件技术和计算机模拟等多种高新技术的不断发展，相控阵设备制造和检测应用不断进步，逐渐应用于工业无损检测中。第一批工业相控阵系统问世于 20 世纪 80 年代，形体极大，而且需要将数据传输到计算机中进行处理并显示图像。20 世纪 90 年代出现了用于工业领域的便携式、电池供电的相控阵超声仪器。随着数字化时代的到来，低功耗电子器件的出现，更节电仪器结构的实现，以及表面安装式印刷电路板的设计等在工业领域中的广泛应用，促成了集电子设置、数据处理、显示分析于一体的便携式相控阵超声检测设备的出现，从而拓宽了相控阵技术在工业领域中的应用范围。

近年来，相控阵超声技术以其灵活性及聚焦性能越来越引起人们的重视。国内外多家单位在相控阵检测软件平台的开发、检测仪器设备的研制和超声成像算法等方面进行了大量的研究。其中，软件开发方面有加拿大 UTEX 公司的 Image3 D、挪威 Oslo 大学信息学系的 Ultrasim、英国 NDTsoft 的 3 D Ray Tracing、美国 Weidlinger 的 PZFLEX、加拿大 R&D TECH 的 Tomoview 等。在超声相控阵成像检测仪器设备方面，主要有以色列 SONOTRON NDT 公司、美国 GE 公司、日本 OLYMPUS 公司、英国 Technology Design 公司等，并且已经在工业无损检测领域得到了成功的应用。同时，国内也有多家机构在对相控阵超声检测设备进行研究与开发，如中国科学院声学研究所、北京航空航天大学等。随着该技术的推广使用，越来越多的检测人员将会使用超声相控阵设备。

（二）相控阵超声检测常用扫描和显示方法

在相控阵出现之前，使用特定探头检测时，声束方向不能改变，所以扫描和扫查属于同一概念。但相控阵出现后，在探头不动的情况下可以改变声束方向。所以，改变检测声束方向时，根据探头是否移动分为扫描和扫查。扫描：不改变探头位置，通过相位干涉方式改变检测声束方向。扫查：探头位置改变。扫查按照探头行走的路径分为栅格扫查、锯齿扫查等；按照自动化程度分为人工扫查、半自动化扫查和自动化扫查。

另外，聚焦法则是相控阵超声检测中一个非常重要的概念，是指得到一个检测波形的所有软件和硬件设置，包括频率、阵元大小、延时等。不同的检测和扫描方式需要不同的聚焦法则来进行检测，其结果也有多种显示形式，包括相控阵超声检测成像。相控阵超声检测成像是检测波形处理的结果，在一定程度上体现了缺陷的一些信息，这种超声像不是缺陷的实际形貌像。下面介绍几种常见的相控阵超声检测方法和结果显示方式。

第一种：A 扫描。

A 扫描是所有相控阵超声成像的基础。和常规超声中的 A 扫描显示相同，它将超声信号的幅度与传播时间（声程）的关系以直角坐标的形式显示，一般横坐标表示时间，纵坐标表示幅度，以回波时间定位缺陷，以回波波形形式推测定性缺陷，以回波幅度结合回波形式判定缺陷。A 扫描有射频信号和检波（整流）信号两种形式。其中，检波信号是将射频信号进行整流所得，即取波的绝对值，所以射频信号含有相位信息，而检波信号则没有。在关注相位的超声波衍射时差法（TOFD）检测中用射频信号，而在关注回波幅度的脉冲回波法检测中，主要关注波幅信息，采用检波显示。

目前所用的相控阵超声检测设备一般采用数字信号，以便于处理和存储，这就需要将换能器采集到的模拟信号进行离散化、数字化。

相控阵超声检测中，1 个 A 扫描信号是发射 1 次超声波，接收后形成的 A 扫描信号，将其存储起来后再于同样的位置、同样的方式发射信号，接收形成第 2 个 A 扫描信号，以此类推形成 n 个 A 扫描信号，并将这 n 个 A 扫描信号平均后形成一个最终的 A 扫描信号并加以显示，n 即信号平均次数，信号平均次数越多，对噪声的抑制效果越好，但检测速度就越慢。

目前，相控阵超声检测中平均次数 n 为 1，即不平均。实际检测中为提高信噪比，可以选择合适的信号平均次数 n。在检测中，脉冲发射后声波在介质中传播、衰减，当声波衰减到足够弱以至于不影响下一次检测需要时间 Δt_1，采集到的 A 扫描信号经过模数转换存储设备复位等需要时间 Δt_2，至此，一次激发和数据采集完成，可以进行下一次 A 扫描。两次连续扫描的时间差为脉冲重复周期，它的倒数即脉冲重复频率（PRF），脉冲重复周期必须大于 Δt_1 与 Δt_2 之和。

A 信号采集的过程中，容易被噪声干扰，所以一般都需要滤波。这里的滤波和 TOFD 中的滤波相同，一般采用带通滤波，下限为检测信号中心频率的一半，上限为检测信号中心频率的 2 倍。

相控阵超声检测一般将检测结果以图像的形式显示。同样的缺陷，距离探头越远，回波幅度越小，所以检测中为了让不同位置的相同缺陷显示相同大小的回波幅度，即在图像中显示相同的颜色，就需要对检测设备进行校准，此即时间增益修正曲线，和常规超声中的时间增益修正曲线类似。另外距离—幅度曲线和常规超声中的距离—幅度曲线概念相同，用来辅助缺陷判定。

如果将 A 扫描信号的横坐标用一系列点表示，每个点对应一个采样点，即对应某个时刻，将该时刻的信号大小用不同灰度表示，例如信号越大，该点就越黑，这样就将一条 A 扫描曲线转换成一条黑白相间的灰度线；如果将信号的大小用彩色表示，即不同的信号大小对应不同的颜色，就可以得到一条包含 A 扫描信息的彩色直线。

第二种：扇形扫描。

扇形扫描分为扇形扫描检测和扇形扫描显示。采用同一组阵元和不同聚焦法则得到不同折射角的声束，在确定范围内扫描被检测工件，即扇形扫描检测。检测结果的所有角度 A 扫描信号转换成彩色直线按照折射角排列，就得到扇形扫描显示，也称为 S 显示。

相控阵通常采用以下这两种扇形扫描形式。第一种，和医用成像技术非常相似，通过一个 0° 的直楔块产生纵波偏转，从而创建一个饼状的图像。这种扫描方式主要用于发现层间缺陷及有微小角度的缺陷。第二种，通过一个有角度的有机玻璃楔块增大入射角度从而产生横波，产生横波的角度通常为 35°~80°。这种技术与常规超声的斜入射检测类似，区别就在于相控阵所产生的是一系列角度的偏转，而常规超声检测只能产生某个固定角度的声束。

扇形扫描是相控阵设备独有的扫描方式。在线性扫描中，所有的聚焦法则都是按顺序形成某个固定角度的阵列孔径，而扇形扫描则是通过一系列角度产生固定的阵列孔径和偏转。

相控阵超声扇形扫描可以在不改变探头位置的情况下，通过改变延时控制声束偏转，实现对检测区域的全覆盖，提高检测效率；也可以检测常规探头无法检测到的区域，对检测具有复杂几何外形的工件效果较好。但是，同样的缺陷采用不同角度的声束检测时，其回波大小不同，为了使同一缺陷在不同声束角度下的回波大小相同，就需要对设备进行校准，做角度增益补偿曲线，即对扇形扫描角度范围内不同角度的声束检测同一深度相同尺寸的反射回波幅度进行增益补偿。扇形扫描的主要参数包括起始角度、终止角度和角度步进（每隔多少度做一次 A 扫描检测）。一般情况下，角度步进越小，检测效果越好，但同时也增加了检测的数据量，所以检测中要合理设置角度步进。一般要求相邻两次检测的声束有 50% 的重叠。

扇形扫描显示是实时产生的，所以随着探头的移动将持续产生动态的图像。这在很大程度上提高了缺陷的检出率，同时实现了缺陷的可视化。一次检测使用多个检测角度尤其可以提高随机的不同方向缺陷的检出率。

第三种：电子扫描。

电子扫描又称为 E 扫描，分为电子扫描检测和电子扫描显示。采用不同的阵元晶片和相同的聚焦法则得到的声束，在确定范围内沿相控阵探头长度方向扫描被检测工件，即 E 扫描检测。将每一次检测得到的 A 扫描信号按照被激励阵元的中心排列，即形成 E 扫描显示。

实际扫描中，因为声束的变化是实时的，从而在探头移动时可以实时地产生连续的横截面扫描图像。例如一个 64 晶片线性相控阵探头扫查的实时图像，每个聚焦法则采用 16 个晶片的阵列孔径，产生脉冲的开始，晶片以 1 进行递增，每 16 晶片产生一个脉冲。这样就产生了 49 个独立的波形，这些波形一起产生了沿着探头晶片排列方向（长度方向）的实时的横截面成像。

同样，相控阵传感器也可以产生有角度的声束。采用 64 晶片线性传感器及斜楔块，可以产生有角度的横波，角度可以由用户自己定义。此时在某一固定探头位置就可以检测整个焊缝位置，不需要像常规超声检测一样锯齿形地移动探头进行检测。

三、承压类特种设备检验对超声类检测技术的需求

（一）承压类特种设备检验的主要目的

承压类特种设备检验的主要目的与作用，是依据客观实际条件、情况和要求，运用适当的理论、技术、手段和规范，对承压类特种设备的安全质量状况进行技术检查、试验、诊断，做出正确的分析、判断，进而对不符合质量要求或不能满足安全使用要求的承压类特种设备（包括零部件、半成品等）、原材料或质量形成（变化）过程进行有效的控制、处理，或提出符合实际和有效的控制处理措施。承压类特种设备检验是承压类特种设备安全监察七个环节中重要的一环，是保证承压类特种设备安全的重要手段。承压类特种设备的检验包括以下内容：

1. 生产企业的质量检验

质量检验是指借助于某种手段或方法来测定产品的一个或多个质量特性，然后把测定的结果同规定的产品质量标准进行比较，从而对产品做出合格或不合格判断。质量检验的具体工作包括度量、比较、判断、处理。质量检验是质量管理不可缺少的一项工作，是保证产品质量的主要手段之一。

承压类特种设备制造质量检验包括入厂原材料（或半成品）的质量验收，生产

工艺流程中的质量控制和出厂前的成品质量检验。

2.生产环节的监督检验

（1）制造监督检验

制造监督检验是在受检企业质量检验（自检）合格的基础上，由国家专业检测机构对承压类特种设备产品安全性能进行的监督验证。承压类特种设备中压力容器产品的监检工作应当在承压类特种设备制造现场，且在制造过程中进行。

（2）安装监督检验

安装监督检验是指在承压类特种设备安装过程中，在安装单位自检合格的基础上，由国家专业检验机构对安装过程进行的强制性、验证性的法定检验。

安装监督检验主要内容有以下几个方面。

①对制造、安装过程中涉及安全性能的项目确认核实，如焊接工艺、焊工资格、力学性能、化学成分、无损探伤等项目。

②对出厂技术资料进行确认。

③对受检单位质量管理体系运转情况进行抽查。

监督检验属于强制性检验，不能代替受检企业的自检，监检单位应当对所承担的监督检验工作负责。监督检验目的在于消除这些环节中出现的不利于承压类特种设备安全运行的因素，更可靠地保证承压类特种设备的安全。

（3）定期检验

随着我国经济的快速发展，特种设备的数量快速增长，安全事故时有发生，因此保证承压类特种设备安全运行至关重要。为此国家设立了特种设备的专业检验机构，专门从事特种设备的检验工作。

承压类特种设备定期检验工作是指特种设备检验机构根据相关技术规范的规定，按照一定的时间周期对在用特种设备进行的检验活动。对承压类特种设备进行定期检验，是及早发现缺陷、消除隐患、保证设备安全运行的有效措施。检验的目的是及时查清设备的状况，及时发现设备的缺陷和隐患，在危及设备安全之前被消除或被监控起来，以避免设备在运行中发生事故。由于承压类特种设备运行的条件大多恶劣，存在各种损害设备部件的因素，无论设备部件原本是否完好，都难以避免在使用中产生各式各样的缺陷，进而导致部件的破损和事故的发生。因此，及时发现和妥善处理设备的缺陷十分重要。

承压类特种设备检验本身不是设备安全质量的形成、变化过程，而是对这种形成变化过程或对其结果（现状）、趋势的检查、诊断和控制。

（二）承压类特种设备检验的作用

1. 检验是验证特种设备可靠性的重要手段之一

承压类特种设备的安全可靠性受制造过程中众多因素的影响，如技术上的不成熟、知识上的不全面等使得技术文件不齐全、不准确；重要工序如冷热加工、焊接、热处理、无损检测等的实施及结果的不确定性；也可能由人为因素造成的，如质量控制失误、漏检、加工误差等。因此，必须对制作过程的影响因素进行控制，减少不利因素。制造检验的目的就是对承压类特种设备安全质量有影响的过程及结果进行验证，以减少影响设备可靠性的不确定因素。

2. 检验是特种设备发现缺陷和安全隐患的重要方法之一

承压类特种设备运行时，在诸多因素的影响下，随时可能出现一些影响安全运行的问题。在这种条件下对承压类特种设备进行检验，可以保障设备安全、可靠地运行，从而保证设备的安全使用及使用寿命。承压类特种设备检验工作是降低设备危险性的一项重要工作。

对承压类特种设备的轻微缺陷，如不及时发现并维修，缺陷会发生扩展，缩短设备使用寿命。承压类特种设备如果没有进行定期检验，有了缺陷不能很快地被发现，得不到及时修理，就会使其使用寿命大大缩短。一般情况下，运行过程中承压类特种设备的缺陷从产生、发展到发生事故，一般要经历一段时间，不是突然的，如果平常加强监督管理，有计划地定期对设备进行内部和外部检验，就能及时发现缺陷，掌握发展趋势，采取预防措施，从而防止事故的发生。按照承压类特种设备的运行情况，实行有计划的检验，及时消除事故隐患，以保证正常生产的需求。

3. 检验是促进特种设备生产和使用单位的安全管理水平，服务经济建设的手段之一

检验可以使特种设备生产、使用单位的安全管理变事后处理为事先预测、预防。传统安全管理方法的特点是凭经验进行管理，多为事故发生后再进行处理的"事后过程"。通过检验，可以预先识别系统的危险性，分析特种设备生产、使用阶段的安全状况，全面评价设备系统及各部分的危险程度和安全管理状况，促使特种设备生产、使用单位达到规定的安全要求。检验还可以使特种设备生产、使用单位的安全管理从纵向单一管理变为全面系统管理。

检验有助于特种设备生产使用单位提高经济效益。通过检验可以减少特种设备在制造、安装方面的缺陷，可在设备使用前消除一些潜在的事故隐患；可使特种设备生产、使用单位较好地了解可能存在的危险并为安全管理提供依据，特种设备生产、使用单位的安全生产水平的提高将带来经济效益的提高。

第四章　承压类特种设备安全管理

第一节　锅炉安全管理

一、锅炉的安全使用

（一）调试使用

锅炉安装结束后，应进行调试和生产试运行。

1. 启动

对新装、迁装和检修后的锅炉，启动前要进行全面检查。主要检查内容如下：

①检查受热面及承压部件的内部和外部，看其是否处于可投入运行的良好状态。

②检查燃烧系统各个环节是否处于完好状态。

③检查各类门孔、挡板是否正常，使之处于启动所要求的位置。

④检查安全附件和测量仪表是否齐全完好，并使之处于启动要求的状态。

⑤检查锅炉架、楼梯、平台等钢结构部分是否完好。

⑥检查各种辅机特别是转动机械是否完好。

2. 上水

为防止产生过大的热应力，上水温度最高不超过909℃，水温与筒壁温差不超过50℃。对水管锅炉，全部上水时间夏季不少于1 h，冬季不少于2 h，冷炉上水至最低安全水位时应停止上水，以防止受热膨胀后水位过高。

3. 烘炉

新装、迁装、大修或者长期停用的锅炉，其炉膛和烟道的墙壁非常潮湿，骤然接触高温烟气，将会产生裂纹、变形，甚至发生倒塌事故，为防止此种情况发生，此类锅炉在上水后启动前要进行烘炉。

4. 煮炉

对新装、迁装、大修或者长期停用的锅炉，在正式启动前必须煮炉。煮炉的目的是清除蒸发受热面中的铁锈、油污和其他污物，减少受热面腐蚀，提高锅水和蒸汽品质。

5. 点火升压

一般锅炉上水后即可点火升压。点火方法因燃烧方式和燃烧设备而异。层燃炉一般用木材引火,严禁用挥发性强的油类或者其他易燃物引火,以免发生爆炸事故。

6. 暖管与并汽

暖管,即用蒸汽慢慢加热管道、阀门、法兰等部件,使其温度缓慢上升,避免向冷态或者较低温度的管道突然供入蒸汽,以防止热应力过大而损坏管道、阀门等部件,同时将管道中的冷凝水驱出,防止在供汽时发生水击。并汽也叫并炉并列,即新投入运行锅炉向共用的蒸汽母管供汽。并汽前应减弱燃烧,打开蒸汽管道上的所有疏水阀,充分疏水以防水击;冲洗水位表,并使水位维持在正常水位线以下;使锅炉的蒸汽压力稍低于蒸汽母管内气压,缓慢打开主汽阀及隔绝阀,使新启动锅炉与蒸汽母管连通。

(二)点火升压阶段应注意的安全事项

1. 防止炉膛爆炸

点火前需清除炉膛中可能存在的残存可燃气体或者其他可燃物。

防止炉膛爆炸的措施:点火前开动风机给锅炉通风 5 ~ 10 min,没有风机时可以自然通风 5 ~ 10 min,以清除炉膛及烟道中的可燃物质;点燃气、油、煤粉炉时,应先送风,之后投入点燃火炬,最后送入燃料;一次点火未成功需重新投入点燃火炬时,一定要在点火前给炉膛和烟道重新通风,待充分清除炉膛及烟道中可燃物之后再进行点火操作。

2. 控制升温升压速度

点火过程中应对各热承压部件的膨胀情况进行监控,发现有卡住现象时应停止升压,待排除故障后再继续升压,发现膨胀不均匀时应采取相应措施消除。

3. 严密监视和调整仪表

在一定时间内压力表指针应离开原点,如果指针不动,则应将火力减弱或停火,校验压力表并清洗压力管道,待压力表恢复正常后,方可继续升压。

4. 保证强制流动受热面的可靠冷却

在升压过程中,开启过热器出口集箱疏水阀,对空排气阀,使一部分蒸汽流经过热器后被排出,从而使过热器足够冷却。

(三)锅炉正常运行使用

1. 水位监控调节

司炉工应不间断地通过水位表监控锅炉内水位。锅炉水位应经常保持在正常水位线处,允许在正常水位线上下 50 mm 内波动。水位的调节必须与气压、蒸发量一起进行控制。锅炉在低负荷运行时,水位应稍高于正常水位,以防负荷增加时水位过度下降；锅炉在高负荷运行时，水位应稍低于正常水位，以防负荷降低时水位过度上升。

2. 气压监控调节

锅炉正常运行过程中，蒸汽压力应基本保持稳定。当蒸发量和负荷不相等时，气压就会发生变动，若负荷小于蒸发量，气压上升；负荷大于蒸发量，气压下降。因此调节锅炉气压就是调节其蒸发量，而蒸发量的调节是通过燃烧调节和给水调节来实现的。司炉工应根据负荷变化来相应增减锅炉的燃料量（即增大或降低火力）、风量、给水量，以改变锅炉的蒸发量，使气压保持相对稳定。

对于间断上水的锅炉，为了保持气压稳定，应注意均匀上水，上水间隔的时间不宜过长，一次上水不宜过多。在燃烧减弱时不宜上水，人工烧炉在投煤、扒渣时不宜上水。

3. 温度调节

根据锅炉负荷、燃料和给水温度的改变调节温度。

4. 燃烧监控调节

应使燃料燃烧供热适应负荷要求，维持气压稳定；使燃烧完好正常，尽量减少不完全燃烧损失，减轻金属腐蚀和大气污染；对负压燃烧炉，维持引风和鼓风的均衡，保持炉膛稳定的负压，以保证操作安全和减少排烟损失。

5. 排污和吹灰

排污和吹灰主要针对燃煤锅炉。排污是为了保持受热面内部清洁，避免锅水发生汽水共腾及蒸汽品质恶化而进行的操作。吹灰主要是为了清除烟气流经蒸发受热面、过热器、省煤器及空气预热器时沉积的微粒，如果不定期清理，积尘会影响导热、蒸汽温度，降低锅炉效率。

（四）停炉及停炉保养

1. 停炉

（1）正常停炉

按照预先计划内的停炉，停炉步骤顺序为停止燃料供应、停止送风、减少引风、逐渐降低锅炉负荷并相应地减少锅炉上水（应维持锅炉水位稍高于正常水位）。对于燃气、燃油锅炉，炉膛停火后，引风机至少要继续引风 5 min。锅炉停止供气后，应隔断与蒸汽母管的连接，排气降压。为保护过热器，防止金属超温，应打开过热器出口集箱疏水阀适当放气。降压过程中，司炉工应连续监视锅炉，避免锅内因温度降低而形成真空。

停炉时应打开省煤器旁通烟道，关闭省煤器烟道挡板，但锅炉进水仍需经过省煤器。对于钢管省煤器，锅炉停止进水后，应开启省煤器再循环管。对无旁通烟道的可分式省煤器，应密切监视其出水口水温，并连续经省煤器上水、放水至水箱中，使省煤器出水口水温低于锅筒压力下饱和温度 20℃。

正常停炉 4～6 h 内，应紧闭炉门和烟道挡板，之后打开烟道板，缓慢加强通风，适当放水。停炉 18～24 h 后，在锅水温度降至 70℃以下时，方可全部放水。

（2）异常停炉（紧急停炉）

出现以下情况时需紧急停炉：锅炉水位低于水位表的下部可见边缘；不断加大向锅炉进水及采取其他措施，但水位仍继续下降；锅炉水位超过最高可见水位（满水），经放水仍不能见到水位线；给水泵全部失效或给水系统故障，不能向锅炉进水；水位表或安全阀全部失效；设置在蒸汽空间的压力表全部失效；锅炉元件损坏，危及操作人员安全；燃烧设备损坏、炉墙倒塌或锅炉构件被烧红等严重威胁锅炉安全运行。

紧急停炉操作顺序：立即停止添加燃料和送风，减弱引风，同时设法熄灭炉膛内的燃料，对于一般层燃炉可以用砂土或湿灰来灭火，链条炉可以开快挡，使炉排快速运转，把红火送入灰坑；灭火后即把炉门、灰门及烟道挡板打开，以加强通风冷却；锅内可以较快降压并更换锅水，锅水冷却至 70℃时允许排水。因缺水紧急停炉时，严禁给锅炉上水，并不得开启空气阀及安全阀快速降压。

紧急停炉是为了防止事故扩大不得不采用的非正常停炉方式，有缺陷的锅炉应尽量避免紧急停炉。

2. 停炉保养

停炉保养是为了避免或减轻汽水系统对锅炉的腐蚀而进行的防护保养。

保养方式：压力保养、湿法保养、干法保养和充气保养，具体保养方法参照锅炉制造企业给出的作业指导书或者操作规定等。

二、锅炉常见事故及原因分析

锅炉常见事故分为锅炉爆炸事故和锅炉重大事故两大类。

（一）锅炉爆炸事故

由于意外或某些原因导致锅炉承压负荷过大造成的瞬间能量释放现象，如锅炉缺水、水垢过多、压力过大等情况都可能造成锅炉爆炸，一旦出现锅炉爆炸事故，对周围建筑、人员等损伤极大。锅炉爆炸分为炉膛爆炸事故、水蒸气爆炸事故、超压爆炸事故、缺陷导致爆炸事故、严重缺水导致的爆炸事故。

1. 炉膛爆炸事故

（1）后果

炉膛爆炸是指炉膛内积存的可燃性混合物瞬间同时爆燃，从而使炉膛烟气侧压力突然升高，超过了设计允许值而造成水冷壁、刚性梁及炉顶、炉墙破坏的现象，即正压爆炸。此外还有负压爆炸，即在送风机突然停转时，引风机继续运转，烟气侧压力急降，造成炉膛、刚性梁及炉墙破坏的现象。下文着重讨论正压爆炸。

炉膛爆炸要同时具备三个条件：一是燃料必须以游离状态存在于炉膛中；二是燃料和空气的混合物达到爆燃的浓度；三是有足够的点火能源。炉膛爆炸常常发生于燃油、燃气、燃煤的锅炉。不同可燃物的爆炸极限和爆炸范围各不相同。

由于爆炸过程中火焰传播速度非常快，每秒达数百米甚至数千米，火焰激波以球面向各方向传播，邻近燃料同时被点燃，烟气体积突然增大，因来不及泄压而使炉膛内压力陡增，从而发生爆炸。

（2）原因

在设计上缺乏可靠的点火装置、可靠的熄火保护装置及联锁、报警和跳闸系统，刚性梁结构抗爆能力差，制粉系统及燃油雾化系统有缺陷。

在运行过程中操作人员误判断、误操作，此类事故占炉膛爆炸事故总数的90%以上。有时因采用"爆燃法"点火而发生爆炸。此外，还可能因烟道闸板关闭而发生炉膛爆炸事故。

（3）预防措施

为防止炉膛爆炸事故的发生，应根据锅炉的容量和大小装设可靠的炉膛安全保护装置，如防爆门、炉膛火焰和压力检测装置，联锁报警、跳闸系统及点火程序和熄火程序控制系统。同时，应尽量提高炉膛及刚性梁的抗爆能力。此外，应加强使用管理，提高司炉工人的技术水平。在启动锅炉点火时要认真按操作规程说明进行点火，严禁采用"爆燃法"，点火失败后先通风吹扫 5~10 min 后才能重新点火；在燃烧不稳定、炉膛负压波动较大时，如除大灰、燃料变更、制粉系统及雾化系统发生故障低负荷运行时，应精心控制燃烧，严格控制负压。

2. 水蒸气爆炸事故

锅炉中容纳水及水蒸气较多的大型部件，如锅炉及水冷壁集箱等，在正常工作时，或者处于水汽两相共存的饱和状态，或者是充满了饱和水，容器内侧的压力等于或接近于锅炉的工作压力，水的温度则是该压力对应的饱和温度。此时一旦该容器破裂，容器内液面上的压力瞬间下降为大气压，与大气压相对应的水的饱和温度是100℃，原工作压力系高于100℃的饱和水此时成了极不稳定、在大气压下难以存在的"过饱和水"，其中的一部分即瞬时汽化，体积骤然膨胀许多倍，形成爆炸。

3. 超压爆炸事故

超压爆炸是指由于安全阀、压力表不齐全损坏或装置错误，操作人员擅离岗位或放弃监视责任，关闭或者关小出汽通道，将无承压能力的生活锅炉改成承压蒸汽锅炉等原因，致使锅炉主要承压部件，如筒体封头、管板、炉胆等承受的压力超过其承载能力而造成的锅炉爆炸。

4. 缺陷导致爆炸事故

缺陷导致爆炸是指锅炉承受的压力并未超过额定压力，但因锅炉主要承压部件出现裂纹、严重变形、腐蚀、组织变化等情况，导致主要承压部件丧失承载能力，突然大面积破裂而发生的爆炸。

5. 严重缺水导致爆炸事故

锅炉严重缺水时，锅炉的锅筒、封头、管板、炉胆等直接受到火焰加热，金属温度急剧上升至烧红，如果此时上水，则可能会立即发生爆炸。

（二）锅炉重大事故

1. 锅炉缺水事故

（1）后果

当锅炉水位低于水位表最低安全水位刻度线时，即形成了锅炉缺水事故。锅炉缺水时，水位表内往往看不到水位线，表内发白、发亮。锅炉缺水后，低水位警报器开始动作并发出警报，过热蒸汽温度升高，给水流量不正常地小于蒸汽流量。锅炉缺水是锅炉运行中最常见的事故之一，常常造成严重后果。严重缺水会使锅炉蒸发受热面管子过热变形甚至烧塌，胀口渗漏，胀管脱落，受热面钢材过热或过烧，降低或丧失承载能力，管子破裂，炉墙损坏。如果锅炉缺水处理不当，严重时会导致锅炉爆炸。

（2）原因

①运行人员疏忽大意，对水位监视不严，或者操作人员擅离职守，放弃了对水位及其他仪表的监视。

②水位表故障造成假水位，而操作人员未及时发现。

③水位报警器或给水自动调节器失灵而又未及时发现。

④给水设备或给水管路故障，无法给水或给水量不足。

⑤操作人员排污后忘记关排污阀，或者排污阀泄漏。

⑥水冷壁、对流管束或省煤器管子爆破漏水。

（3）处理

发现锅炉缺水时，应首先判断是轻微缺水还是严重缺水，然后酌情给予不同的处理。通常判断缺水程度的方法是"叫水"。

"叫水"的操作方法：打开水位表的放水旋塞冲洗汽连管及水连管，关闭水位表的汽连接管旋塞，关闭放水旋塞。如果此时水位表中有水位出现，则为轻微缺水。如果通过"叫水"，水位表内仍无水位出现，说明水位已降到水连管以下甚至更严重，属于严重缺水。

轻微缺水时，可以立即向锅炉上水，使水位恢复正常。如果上水后水位仍不能恢复正常，应立即停炉检查。严重缺水时，必须紧急停炉。在未判定缺水程度或者已判定属于严重缺水的情况下，严禁给锅炉上水，以免造成锅炉爆炸事故。"叫水"操作一般只适用于相对容水量较大的小型锅炉，不适用于相对容水量很小的电锅炉或者其他锅炉。对相对容水量小的电锅炉或其他锅炉，以及最高水界在水连管以上的锅壳锅炉，一旦发现缺水，应立即停炉。

2. 锅炉满水事故

（1）后果

锅炉水位高于水位表最高安全水位刻度线的现象称为锅炉满水。锅炉满水时，水位表内也往往看不到水位线，但表内发暗，这是满水与缺水的重要区别。

锅炉满水后，高水位报警器开始动作并发出警报，过热蒸汽温度降低，给水流量不正常地大于蒸汽流量。严重满水时，锅水可进入蒸汽管道和过热器，造成水击及过热器结垢。因而满水的主要危害是降低蒸汽品质，损害甚至于破坏过热器。

（2）原因

①运行人员疏忽大意，对水位监视不严；运行人员擅离职守，放弃了对水位及其他仪表的监视。

②水位表故障造成假水位，而运行人员未及时发现。

③水位报警器及给水自动调节器失灵未能及时发现等。

（3）处理

发现锅炉满水后，应冲洗水位表，检查水位表有无故障；一旦确认满水，应立即关闭给水阀停止向锅炉上水，启用省煤器再循环管路，减弱燃烧，开启排污阀及过热器、蒸汽管道上的疏水阀；待水位恢复正常后，关闭排污阀及各疏水阀；查清事故原因并予以消除，恢复正常运行。如果满水时出现水击，则在恢复正常水位后，还须检查蒸汽管道、附件、支架等，确定无异常情况后才可恢复正常运行。

3. 锅炉汽水共腾

（1）后果

锅炉蒸发表面（水面）汽水共同升起，产生大量泡沫并上下波动、翻腾的现象叫汽水共腾。发生汽水共腾时，水位表内也会出现泡沫，水位急剧波动，汽水界线难以分清，过热蒸汽温度急剧下降，严重时，蒸汽管道内发生水击。汽水共腾与满水一样，会使蒸汽带水，降低蒸汽品质，造成过热器结垢后水击振动，损坏过热器或影响蒸汽设备的安全运行。

（2）原因

锅水品质太差：由于给水品质差、排污不当等原因，造成锅水中悬浮物或含盐量太高，碱度过高。由于汽水分离，锅水表面层附近含盐浓度更高，锅水黏度很大，气泡上升阻力增大。在负荷增加、汽化加剧时，大量气泡被黏阻在锅水表面层附近来不及分离出去，形成大量泡沫，使锅水表面上下翻腾。

负荷增加及压力降低过快：当水位高、负荷增加过快及压力降低过速时，会使水面汽化加剧，造成水面波动及蒸汽带水。

（3）处理

发现汽水共腾时，应减弱燃烧力度，降低负荷，将主汽阀关小；加强蒸汽管道和过热器的疏水；全开连续排污阀，并打开定期排污阀放水，同时上水，以改善锅水品质；待水质改善，水位清晰时，可逐渐恢复正常运行。

4. 锅炉爆管

（1）后果

锅炉爆管（炉管爆破）是指锅炉蒸发受热面管子在运行中发生爆破，包括水冷壁、对流管束管子爆破及烟管爆破。炉管爆破时，往往能听到爆破声，随之水位降低，蒸汽及给水压力下降，炉膛或烟道中有汽水喷出的声响，负压减小，燃烧不稳定，给水流量明显大于蒸汽流量，有时还有其他比较明显的状况。

（2）原因

①水质不良、管子结垢并超温引起爆破。

②水循环故障。

③严重缺水。

④制造、运输、安装时管内落入异物，如钢球、木塞等。

⑤因烟气磨损导致管壁减薄。

⑥运行中或停炉后管壁因腐蚀而变薄。

⑦管子膨胀受阻碍，由于热应力造成裂纹。

⑧吹灰不当造成管壁变薄。

⑨管路缺陷或焊接缺陷在运行中发展扩大。

（3）处理

炉管爆破时，通常必须紧急停炉后再进行修理。

由于导致炉管爆破的原因有很多，有时是几方面的因素共同影响而造成的，因而防止炉管爆破必须从锅炉设计、制造、安装运行管理、检验等各个环节入手。

5. 省煤器损坏

（1）后果

省煤器损坏是指由于省煤器管子破裂或省煤器的其他零件损坏所造成的事故。省煤器损坏时，给水流量不正常地大于蒸汽流量；严重时，锅炉水位下降，过热蒸汽温度上升；省煤器烟道内有异常声响，烟道潮湿或漏水，排烟温度下降，烟气阻力增大，引风机电流增大。省煤器损坏会造成锅炉缺水，从而被迫停炉。

（2）原因

①烟速过高或烟气含灰量过大，飞灰磨损严重。

②给水品质不符合要求，特别是未进行除氧，管子水侧被严重腐蚀。

③省煤器出口烟气温度低于其酸露点，在省煤器出口段烟气侧产生酸性腐蚀。

④材质缺陷或制造及安装时的缺陷导致破裂。

⑤因水击或炉膛、烟道爆炸而使省煤器剧烈振动并损坏等。

（3）处理

省煤器损坏时，如能经直接上水管给锅炉上水，并使烟气经旁通烟道流出，则可不停炉进行省煤器的修理，否则必须停炉进行修理。

三、锅炉风险分析及风险控制

（一）锅炉元件安全管理

1. 安全阀

每台蒸汽锅炉应当至少装设 2 个安全阀（不包括省煤器上的安全阀）。对于额定蒸发量≤0.5 t/h 的蒸汽锅炉或者＜4 t/h 且装有可靠的超压联锁保护装置的蒸汽锅炉，可以只装设 1 个安全阀。

蒸汽锅炉的可分式省煤器出口处、蒸汽过热器出口处、再热器入口处和出口处，都必须装设安全阀。

锅筒（锅壳）上的安全阀和过热器上的安全阀的总排放量，必须大于锅炉额定蒸发量，并且在锅筒（锅壳）和过热器上的所有安全阀开启后，锅筒（锅壳）内蒸汽压力不得超过设计压力的 1.1 倍。

对于额定蒸汽压力≤3.8 MPa 的蒸汽锅炉，安全阀的流道直径不应小于 25 mm；对于额定蒸汽压力≥3.8 MPa 的蒸汽锅炉，安全阀的流道直径不应小于 20 mm。

热水锅炉额定热功率＞1.4 MW 的应当至少装设 2 个安全阀，额定热功率≤1.4 MW 的应当至少装设 1 个安全阀。热水锅炉上设有水封安全装置时，可以不装设安全阀，但水封装置的水封管内径不应小于 25 mm，且不得装设阀门，同时应有防冻措施。

热水锅炉安全阀的泄放能力，应当满足所有安全阀开启后锅炉不超过设计压力的 1.1 倍。对于额定出口热水温度低于 100℃的热水锅炉，当额定热功率≤1.4 MW 时，安全阀流道直径不应小于 20 mm；当额定热功率＞1.4 MW 时，安全阀流道直径不应小于 32 mm。

几个安全阀如果共同装设在一个与锅筒（锅壳）直接相连的短管上，则短管的流通截面积不应小于所有安全阀流道面积之和。

安全阀应当垂直安装，并应装在锅筒（锅壳）、集箱的最高位置。在安全阀和锅筒（锅壳）之间或者安全阀和集箱之间，不得装有取用蒸汽或者热水的管路和阀门。

安全阀上应当装设泄放管，在泄放管上不允许装设阀门。泄放管应当直通安全地点，并有足够的截面积和防冻措施，以保证排水畅通。

安全阀有下列情况之一时,应当停止使用并更换:安全阀的阀芯和阀座密封不严且无法修复;安全阀的阀芯与阀座粘死或者弹簧严重腐蚀、生锈;安全阀选型错误。

2. 压力表

每台蒸汽锅炉除必须装有与锅筒(锅壳)蒸汽空间直接相连的压力表外,还应在给水调节阀前、可分式省煤器出口、过热器出口和主汽阀之间、再热器出入口、强制循环锅炉水循环泵出入口、燃油锅炉油泵进出口、燃气锅炉的气源入口等部位装设压力表。

每台热水锅炉的进水阀出口和出水阀入口、循环水泵的进水管和出水管上都应装设压力表。

在额定蒸汽压力 < 2.5 MPa 的蒸汽锅炉和热水锅炉上装设的压力表,其精确度不应低于 2.5 级;额定蒸汽压力 ≥ 2.5 MPa 的蒸汽锅炉,其压力表精确度不应低于 1.5 级。

压力表应当根据工作压力选用。压力表表盘刻度极限值应为工作压力的 1.5 ~ 3 倍,最好选用 2 倍。

压力表表盘大小应当保证司炉人员能够清楚地看到压力指示值,表盘直径不应小于 100 mm。

压力表装设应当符合下列要求:装设在便于观察和冲洗的位置,并应防止受到高温、冰冻和振动的影响;有缓冲弯管,弯管采用钢管时,其内径不应小于 10 mm;压力表和弯管之间应装有三通旋塞,以便冲洗管路、卸换压力表等。

压力表有下列情况之时,应当停止使用并更换:有限止钉的压力表在无压力时,指针不能回到限止钉处;无限止钉的压力表在无压力时,指针距零的数值超过压力表的允许误差;表盘封面玻璃破裂或者表盘刻度模糊不清;封印损坏或者超过检验有效期限;表内弹簧管泄漏或者压力表指针松动;指针断裂或者外壳腐蚀严重;其他影响压力表准确指示的缺陷。

3. 水位表

每台蒸汽锅炉应当至少装设 2 个彼此独立的水位表。但符合下列条件之一的蒸汽锅炉可以只装设 1 个直读式水位表:额定蒸发量 ≤ 0.5 t/h 的锅炉;电加热锅炉;额定蒸发量 ≤ 2 t/h 且装有 1 套可靠的水位示控装置的锅炉;装有 2 套各自独立的远程水位显示装置的锅炉。

水位表应当装在便于观察的地方。水位表距离操作地面高于 6 m 时,应当加装远程水位显示装置。远程水位显示装置的信号不能取自一次仪表。

水位表应当装有指示最高、最低安全水位和正常水位的明显标志。水位表的下部可见边缘至少应比最高水界高 50 mm,且应比最低安全水位至少低 25 mm;水位表的上部可见边缘应当比最高安全水位至少高 25 mm。

水位表应当有放水阀门和接到安全地点的放水管。水位表（或水表柱）和锅筒（锅壳）之间的连接管上应当有阀门，锅炉运行时阀门必须处于全开状态。

水位表有下列情况之一时，应当停止使用并更换：超过检修周期；玻璃板（管）有裂纹、破碎；阀件固死；出现假水位；水位表指示模糊不清。

（二）锅炉安全管理要点

1. 使用定点厂家的合格产品

国家对锅炉、压力容器的设计与制造有严格的要求，实行定点生产制度。锅炉、压力容器的制造单位必须具备保证产品质量所必需的加工设备、技术力量、检验手段和管理水平。购置、选用的锅炉、压力容器应是定点厂家的合格产品，并有齐全的技术文件、产品质量合格证明书和产品竣工图。

2. 登记建档

锅炉、压力容器在正式使用前，必须到当地特种设备安全监察机构登记，经审查批准入户建档、取得使用证后方可使用。使用单位也应建立锅炉、压力容器的设备档案，保存设备的设计、制造安装、使用、修理、改造、检验等过程的技术资料。

3. 专责管理

使用锅炉、压力容器的单位应对设备进行专责管理，并设置专门机构，任命专门的领导和技术人员负责管理设备。

4. 持证上岗

锅炉司炉、水质化验人员及压力容器操作人员应分别接受专业安全技术培训并经考试合格，持证上岗。

5. 照章运行

锅炉、压力容器必须严格按照操作规程及其他法规操作运行，任何人在任何情况下不得违章作业。

6. 定期检验

定期对承压部件和安全装置进行检验是及早发现缺陷、消除隐患、保证设备安全运行的一项行之有效的措施。锅炉、压力容器定期检验分为外部检验、内部检验和耐压试验。实施特种设备法定检验的单位须取得核准资格。锅炉每年一检；压力表、安全阀半年一检。

7. 监控水质

水中杂质会使锅炉结垢、腐蚀及产生汽水共腾，会降低锅炉的使用效率及供汽质量，缩短锅炉的使用寿命，因此必须严格监督、控制锅炉给水及锅水水质，使之符合锅炉水质标准的规定。

8. 报告事故

若锅炉、压力容器在运行中发生事故，除紧急妥善处理外，应按规定及时、如实上报主管部门及当地特种设备安全监察部门。

第二节　压力容器安全管理

一、压力容器安全装置

（一）安全阀

安全阀是一种由进口静压开启的自动泄压阀门。它依靠介质自身的压力排出一定数量的流体介质，以防止容器或系统内的压力超过预定的安全值；当容器内的压力恢复正常后，阀门自行关闭，并阻止介质继续排出。

（二）爆破片

爆破片装置是一种非重闭式泄压装置，由进口静压使爆破片受压爆破而泄放出介质，以防止容器或系统内的压力超过预定的安全值。

爆破片又称为爆破膜或防爆膜，是一种断裂型安全泄放装置。与安全阀相比，它具有结构简单、泄压反应快、密封性能好、适应性强等特点。

（三）安全阀与爆破片装置的组合

安全阀与爆破片装置并联组合时，爆破片的标定爆破压力不得超过容器的设计压力。安全阀的开启压力应略低于爆破片的标定爆破压力。

当安全阀进口和容器之间串联安装爆破片装置时，应满足下列条件：安全阀和爆破片装置组合的泄放能力应满足要求；爆破片破裂后的泄放面积应不小于安全阀进口面积，同时应保证使得爆破片破裂的碎片不影响安全阀的正常动作；爆破片装置与安全阀之间应装设压力表、旋塞、排气孔或报警指示器，以检查爆破片是否破裂或渗漏。

当安全阀出口侧串联安装爆破片装置时，应满足下列条件：容器内的介质应是洁净的，不应含有胶着物质或阻塞物质；安全阀的泄放能力应满足要求；当安全阀与爆破片之间存在背压时，阀仍能在开启压力下准确开启；爆破片的泄放面积不得小于安全阀的进口面积；安全阀与爆破片装置之间应设置放空管或排污管，以防止该空间的压力累积。

二、压力容器的设计、制造、使用与维修

（一）设计

压力容器设计必须符合安全、可靠的要求。所用材料的质量及规格应当符合相应国家和行业标准的规定；压力容器材料的生产应当经过国家专业机构认可批准；压力容器的结构应当根据预期的使用寿命和介质对材料的腐蚀速率确定足够的腐蚀裕量；压力容器的设计压力不得低于最高工作压力，装有安全泄放装置的压力容器，其设计压力不得低于安全阀的开启压力或者爆破片的爆破压力。

压力容器的设计单位应当具备相关法律法规所规定的条件，并按照压力容器设计范围，取得国家专业机构统一制定的压力容器类《特种设备设计许可证》，方可从事压力容器的设计活动。如电压力容器中的气瓶、氧舱的设计文件，应当经过国家专业机构鉴定合格后，方可用于制造。

（二）压力容器的制造、使用与检修

1. 压力容器的制造

压力容器的制造单位应符合国家规定的条件，并按照压力容器制造范围，取得压力容器类《特种设备制造许可证》，方可从事压力容器的制造活动。压力容器的制造单位对压力容器原设计修改的，应当取得原设计单位书面同意文件，并对改动部分做详细记载。移动式压力容器必须在制造单位完成罐体、安全附件及盘底的总装（落成），并通过压力试验和气密性试验及其他检验合格后方可出厂。

2. 压力容器的使用

压力容器在投入使用前或者投入使用后 30 天内，移动式压力容器的使用单位应当向压力容器所在地的省级质量技术监督局办理使用登记，其他压力容器的使用单位应当向压力容器所在地的市级质量技术监督局办理使用登记，取得压力容器类的《特种设备使用登记证》。

3. 压力容器的检修

检修容器前，必须彻底切断容器与其他还有压力或气体的设备的连接管道特别是与可燃或有毒介质的设备的通路。不但要关闭阀门，还必须用盲板严密封闭，以免阀门漏气，致使可燃或有毒的气体漏入容器内，引起着火、爆炸或中毒事故。

容器内部的介质要全部排净。盛装可燃有毒或窒息性介质的容器还应进行清洗、置换或消毒等技术处理，并经取样分析直至合格。与容器有关的电源，如容器的搅拌装置、翻转机构等的电源必须切断，并有明显禁止接通的指示标志。

三、事故及防范

（一）压力容器事故

1. 压力容器事故类型及特点

（1）压力容器事故的类型

从容器发生破裂的特征可分为爆炸与泄漏两大类。

从容器的破坏程度来分可分为三种。

第一种：爆炸事故。压力容器在使用中或试压中受压部件突然破裂，容器中介质压力瞬时降至等于外界大气压力的事故。

第二种：重大事故。压力容器受压部件严重损坏（过度变形、泄漏）、附件损坏等而使压力容器被迫停止运行，必须进行修理的事故。

第三种：一般事故。压力容器受压部件或附件损坏程度不严重，不需要停止运行进行修理的事故。

对爆炸事故再按爆炸的原因来分又可分为两种。

第一种：化学性爆炸。容器内部介质因剧烈化学反应（包括燃烧）失控引起容器爆炸的事故称为化学性爆炸事故。

第二种：物理性爆炸。因容器内部介质压力作用使容器受压部件的应力达到材料强度的极限值所引起的爆炸事故。

在物理性超压爆炸中，若因液体蒸发而超压的，又可分为两种。

第一种：传热型蒸汽爆炸。因液体受其他高温介质加热，在快速传热中液体暂时过热而急剧汽化，引起容器超压爆炸。

第二种：平衡破坏型蒸汽爆炸。液体在高压下本来处于气液平衡状态，若容器破裂，蒸汽喷出，因压力急剧下降气液失去平衡，液体变为过热状态而急剧汽化形成压力，再次引起容器爆炸。

（2）压力容器事故特点

①压力容器在运行中由于超压、过热，或腐蚀、磨损，而使受压元件难以承受，发生爆炸、撕裂等事故。

②压力容器发生爆炸事故后，不但会造成设备损坏，而且还波及周围的设备、建筑和人群。其爆炸所直接产生的碎片能飞出数百米远，并能产生巨大的冲击波，其破坏力与杀伤力极大。

③压力容器发生爆炸、撕裂等重大事故后，有毒物质的大量外溢会造成人畜中毒的恶性事故。而可燃性物质的大量泄漏，还会引起重大火灾和二次爆炸事故，后果也十分严重。

2. 压力容器事故原因分析

①结构不合理，材质不符合要求，焊接质量不好，受压元件强度不够以及其他设计制造方面的原因。

②安装不符合技术要求，安全附件规格不对，质量不好，以及其他安装、改造或修理方面的原因。

③在运行中超压、超负荷、超温，违反劳动纪律，违章作业，超过检验期限没有进行定期检验，操作人员不懂技术，以及其他运行管理不善方面的原因。

3. 压力容器事故应急措施

①发生重大事故时应启动应急预案，保护现场，并及时报告有关领导和监察机构。

②压力容器发生超压、超温时要马上切断进气阀；对于反应容器停止进料；对于无毒非易燃介质，要打开排空管排气；对于有毒易燃易爆介质要打开放空管，将介质通过接管排至安全地点。

③如果属超温引起的超压，除采取上述措施外，还要通过水喷淋冷却以降温。

④压力容器发生泄漏时，要马上切断进料阀及泄漏处前端阀门。

⑤压力容器本体泄漏或第一道阀门泄漏时，要根据容器、介质不同使用专用堵漏技术和堵漏工具进行堵漏。

⑥易燃易爆介质泄漏时，要对周边明火进行控制，切断电源，严禁一切用电设备运行，防止火灾、爆炸事故产生。

（二）压力容器事故防范措施

针对压力容器发生事故的常见原因，可以采取相应的事故预防措施。

①在设计上，应采用合理的结构，如采用全焊透结构，能自由膨胀等，避免应力集中、几何突变；针对设备使用工况，选用塑性、韧性较好的材料；强度计算及安全阀排量计算符合标准。

②制造、修理、安装、改造时，加强焊接管理，提高焊接质量并按规范要求进行热处理和探伤；加强材料管理，避免采用有缺陷的材料或用错钢材、焊接材料。

③在使用过程中，加强运行管理，保证安全附件和保护装置灵活、齐全；提高操作工人素质，防止产生误操作等现象。

④在压力容器使用中，加强使用管理，避免操作失误，超温、超压、超负荷运行，失检、失修、安全装置失灵等。

⑤加强检验工作，及时发现缺陷并采取有效措施。

第三节　压力管道安全管理

一、压力管道的检查

（一）竣工文件的检查

竣工文件是指装置（单元）设计、采购及施工完成之后的最终图样及文件资料，主要包括设计竣工文件、采购竣工文件和施工竣工文件三大部分。

1. 设计竣工文件

主要是检查设计文件是否齐全，设计方案是否满足生产要求，设计内容是否有足够而且切实可行的安全保护措施等内容。在确认这些方面满足运行要求时，才可以运行，否则就应进行整改。

2. 采购竣工文件的检查项目

采购文件应齐全，应有相应的采购技术文件。

采购文件应与设计文件相符。

采购变更文件（采购代料单）应齐全，并得到设计人员的确认。

产品资料应齐全，并进行妥善保存。

3. 施工竣工文件

需要检查的施工竣工文件主要包括：①重点管道的安装记录。②管道的焊接记录。③焊缝的无损检测及硬度检验记录。④管道系统的强度和严密性试验记录。⑤管道系统的吹扫记录。⑥管道隔热施工记录。⑦管道防腐施工记录。⑧安全阀调整试验记录及重点阀门的检验记录。⑨设计及采购变更记录。⑩其他施工文件。

（二）现场检查

现场检查包括设计与施工漏项、未完工程、施工质量三个方面的检查。

1. 设计与施工漏项的检查

设计与施工漏项可能发生在各个方面，出现频率较高的问题有以下几个：①阀门、跨线高点排气及低点排液等遗漏。②操作及测量指示点太高以至于无法操作或观察，尤其是仪表现场指示元件。③缺少梯子或梯子设置较少，巡回检查不方便；支架、吊架偏少，以至于管道挠度超出标准要求，或管道不稳定。④管道或构筑物的梁柱等影响操作通道。⑤设备、机泵、特殊仪表元件（如热电偶、仪表箱、流量计等）和阀门等缺少必要的操作及检修场地，或空间太小，操作及检修不方便。

2. 未完工程的检查

适用于中间检查或分期、分批投入运行的装置检查。对于本次运行所涉及的工程，必须确认其已完成并不影响正常的运行。对于分期、分批投入运行的装置，未列入本次运行的部分，应进行隔离，并确认它们之间相互不影响。

3. 施工质量的检查

施工质量问题可能发生在各个方面，因此应全面检查。可着重从以下几个方面进行检查：管道及其元件方面，支架、吊架方面，焊接方面，隔热、防腐方面。

（三）建档、标志与数据采集

1. 建档

压力管道的档案中至少应包括下列内容：管线号、起止点、介质（包括各种腐蚀性介质及其浓度或分压）、操作温度、操作压力、设计温度、设计压力、主要管道直径、管道材料、管道等级（包括公称压力和壁厚等级）、管道类别、隔热要求、热处理要求、管道等级号、受监测管道投入运行日期、事项记录等。

2. 标志与数据采集

管道的标志可分为常规标志和特殊标志两大类。特殊标志是针对各个压力管道的特点，有选择地对压力管道的一些薄弱点、危险点、在热状态下可能发生失稳（如蠕变和疲劳等）的典型点、重点腐蚀监测点、重点无损探测点及其他重点检查点所做的标志。在选择上述典型点时，应优先选择压力管道的下列部位：弹簧支架、吊架点、位移较大的点、腐蚀比较严重的点、需要进行挂片腐蚀试验的点、振动管道的典型点、高压法兰接头、重设备基础标高，以及其他必要标志记录的点。

压力管道使用者应在这些影响压力管道安全的地方设置监测点并予以标志，在运行中加强观测。确定监测点之后，应登记造册并采集初始（开工前的）数据。

（四）运行中的检查和监测

运行中的检查和监测包括运行初期检查、巡线检查及在线监测、末期检查及寿命评估三部分。

1. 运行初期检查

当管道初期升温和升压后，潜在的设计、制造、施工等问题都会暴露出来。此时，操作人员应会同设计、施工等技术人员，对运行的管道进行全面系统的检查，以便及时发现问题并及时解决。在对管道进行全面系统检查的过程中，应着重从管道的位移情况、振动情况、支撑情况、阀门及法兰的严密性等方面进行检查。

2. 巡线检查及在线监测

在装置运行过程中，由于操作波动等其他因素的影响，或压力管道及其附件在使用一段时间后因遭受腐蚀、磨损、疲劳、蠕变等损伤，随时都可能发生损坏，故应对正在使用的压力管道进行定期或不定期的巡检，及时发现可能产生事故的因素，并采取措施，以免造成较大的危害。

压力管道的巡线检查内容除全面检查外，可着重从管道的位移、振动、支撑情况、阀门和法兰的严密性等方面进行检查。

除了进行巡线检查外，对于重要管道或管道的重点部位还可利用现代检测技术进行在线监测，即利用工业电视系统、声发射检漏技术、红外线成像技术等在线对管道的运行状态、裂纹扩展动态、泄漏等进行不间断监测，并判断管道的稳定性和可靠性，从而保证压力管道的安全运行。

3. 末期检查及寿命评估

压力管道经过长期运行，因遭受介质腐蚀、磨损、疲劳、蠕变等的损伤，一些管道已处于不稳定状态或临近寿命终点，因此更应加强在线监测，并制定好应急措施和救援方案，随时准备抢险救灾。

在做好在线监测和抢险救灾准备的同时，还应加强在役压力管道的寿命评估，从而变被动安全管理为主动安全管理。

压力管道寿命的评估应根据压力管道的损伤情况和检测数据进行。总体来说，主要是针对管道材料已发生的蠕变、疲劳、腐蚀和裂纹等几方面进行评估。

二、事故与防范

（一）事故原因

设计问题：设计无资质，特别是中、小型工厂的技术改造项目的设计工作往往是自行完成的，设计方案未经有关部门备案。

焊缝缺陷：无证焊工施焊；焊接不开坡口，焊缝未焊透，焊缝严重错边或其他缺陷造成焊缝强度低下；焊后未进行检验和无损检测，未查出焊接缺陷。

材料缺陷：材料选择或使用错误；材料质量差，有重皮等缺陷。

阀体和法兰缺陷：阀门失效、磨损；阀体法兰材质不符合要求；阀门公称压力、适用范围选择不对。

安全距离不足：压力管道与其他设施距离不合规范；压力管道与生活设施安全距离不足。

安全意识和安全知识缺乏：安全意识淡薄，缺乏对压力管道有关介质（如液化石油气）的安全知识。

违章操作：无安全操作制度或有制度不严格执行。

腐蚀：压力管道超期服役造成腐蚀，未检验、评定安全状况。

（二）防范措施

1.大力加强压力管道的安全文化建设

压力管道作为危险性较大的特种设备,正式列入安全管理与监察规定并不早,导致许多人对压力管道的安全意识淡薄。因此,相关单位在工作中要注意大力加强压力管道的安全文化建设,通过安全培训、安全教育、安全宣传、规范化的安全管理与监察,不断增强人们的安全意识,提高职工与大众的安全文化素质,这样才能实现"安全第一,预防为主"的方针,才能以崭新的姿态开展新时期的安全工作。安全文化包括两部分:一部分是人的安全价值观,主要指人们的安全意识、文化水平、技术水平等;另一部分是安全行为准则,主要包括一些可见的规章制度以及其他的物质设施。其中人的安全价值观是安全文化最核心、最本质的部分。应该树立这样一个观念:安全是一个1,产值、利润、荣誉等都是一个又一个0,当1站立的时候,后面的0越多越好,如果1倒下了,那么所有的0都没有意义。对个人是这样,对企业也是这样。已深入人心的锅炉、压力容器必须由有制造许可证的单位制造,必须要有监督检验证,使用前必须登记。如今安全文化正在国内蓬勃发展,已从生产安全领域向生活安全领域扩展,因而在生产安全领域更要强调安全文化的建设。

2.严格新建、改建、扩建的压力管道竣工验收和使用登记制度

新建、改建、扩建的压力管道竣工验收必须有劳动行政部门人员的参加,验收合格使用前必须进行使用登记,这样可以从源头把住压力管道的安全质量关,使得新投入运行的压力管道经过检验单位的监督检验,安全质量能够符合规范要求,不带有安全隐患。新建、改建、扩建压力管道未经监督检验和竣工验收合格的不得投入运行,若有违反,由劳动行政部门责令改正并可处以罚款。当然,在实际工作中推行监督检验还有一定的阻力,这与压力管道正式纳入安全管理与监察规定的时间不久有关,但归根结底还是安全文化素质的问题。监督检验工作一般由被授权的检验单位进行,但检验单位由于本身职责所限,有时并不知何时何地有新建、改建、扩建的压力管道,只有靠各地劳动行政部门人员把关,才能保证新建、改建、扩建的压力管道不漏检。严格执行压力管道的竣工验收和使用登记,实际上就是在强化安全文化制度的建设。

3.新建、改建、扩建的压力管道实施规范化的监督检验

监督检验就是检验单位作为第三方,监督安装单位安装施工压力管道工程的安全质量必须符合设计图纸及有关标准及规范的要求。压力管道安装安全质量的监督检验是一项综合性的、技术要求很高的检验。监督检验人员既要熟悉有关设计、安装检验的技术标准,又要了解安装设备的特点、工艺流程。这样才能在监督检验中正确执行有关标准及规范,保证压力管道的安全质量。从锅炉、压力容器的监督检验的成功经验来看,实施公正的、权威的、第三者监督检验,对降低事故率起到了

十分积极的作用。实践证明，在实际监督检验过程中会发现了不少问题，有的工程层层分包，更需要第三方现场监督检验来给压力管道安装安全质量把关。监督检验控制内容有两个方面：安装单位的质量管理体系和压力管道的安装安全质量。其中安装安全质量主要控制点有：安装单位资质；设计图纸、施工方案；原材料、焊接材料和零部件质量证明书及它们的检验试验报告；焊接工艺评定、焊工及焊接控制；表面检查；安装装配质量检查；无损检测工艺与无损检测结果；安全附件；耐压、气密、泄漏量试验。

（三）焊接要求

1. 人员素质

焊接责任工程师是管道焊接质量的重要负责人，主要负责一系列焊接技术文件的编制及审核签发。如焊接性试验、焊接工艺评定及其报告、焊接方案以及焊接作业指导书等。因此，焊接责任工程师应具有较为丰富的专业知识和实践经验、较强的责任心和敬业精神；经常深入现场，及时掌握管道焊接的第一手资料；监督焊工遵守焊接工艺纪律；协助工程负责人共同把好管道焊接的质量关；对质检员和探伤员的检验工作予以支持和指导；对焊条的保管、烘烤及发放等进行指导和监督。

质检员和探伤人员都是直接进行焊缝质量检验的人员，他们的每一项检验数据对评定焊接质量都有非常重要的作用。因此，质检员和探伤员必须经上级主管部门培训考核取得相应的资格证书，持证上岗，并应熟悉相关的标准及规范。还应具有良好的职业道德，秉公作业，严格把握检验的标准和尺度，不允许感情用事、弄虚作假。这样才能保证检验结果的真实性、准确性与权威性，从而保证管道焊接质量的真实性与可靠性。

焊工是焊接工艺的执行者，也是管道焊接的操作者，因此，焊工的素质对保证管道的焊接质量有着决定性的意义。一个好的焊工要拥有较好的业务技能，熟练的实际操作技能，这不是一朝一夕能练成的，是通过实际锻炼甚至强化培训才能逐渐掌握，最后通过考试取得相应的焊接资格。这一点相关的标准、法规对焊工技能、焊接范围等都做了较为明确的规定。一个好的焊工还必须具有良好的职业道德、敬业精神，具有较强的质量意识，才能自觉按照焊接工艺中规定的要求进行操作。在焊接过程中集中精力，不为外界因素所干扰，不放过任何影响焊接质量的细小环节，做到一丝不苟。

管理部门人员应建立持证焊工档案，除了要掌握持证焊工的合格项目外，还应重视焊工日常业绩的考核。可定期抽查，将每名焊工所从事的焊接工作，包括射线检测后的一次合格率的统计情况，存入焊工档案。同时制定奖惩制度，对焊接质量稳定的焊工予以嘉奖，为管理人员对焊工的考核提供了依据。对那些质量较好、较稳定的焊工，可以委派其承担重要管道或管道中重要工序的焊接任务，使焊缝质量得到保证。

2. 焊接设备

焊接设备的性能是影响管道焊接的重要因素。其选用一般应遵循的原则有：①满足工件焊接时所需要的必备的焊接技术性能要求。②择优选购有国家强制CCC认证焊接设备的厂家生产的信誉度高的设备，对该焊接设备的综合技术指标进行对比，如焊机输入功率、暂载率、主机内部主要组成、外观等。③考虑效率、成本、维护保养维修费用等因素。④从降低焊工劳动强度、提高生产效率考虑，尽可能选用综合性能指标较好的专用设备。许多焊接设备生产厂家都是专机专用，并打出了品牌。因此，选用焊接设备的原则是首选专用，设备性能指标优中选优。只有这样，才能确保焊接质量的稳定。

设备的维护保养对顺利进行焊接作业、提高设备运转率及保证焊接质量起着很大的作用，同时也是保障操作人员安全所必需的。焊工对所操作的设备要做到正确使用、精心维护；发现问题及时处理，不留隐患。对于经常损坏的配件，提前做好储备，在第一时间维护设备。另外，设备上的电流、电压表是考核焊工执行工艺参数的依据，应配备齐全且保证在核定有效期内。

3. 焊接材料

焊接材料对焊接质量的影响是不言而喻的，特别是焊条和焊丝是直接进入焊缝的填充材料，将直接影响焊缝合金的元素成分和机械性能，必须严格控制和管理。

焊接材料的选用应遵循的原则有：①应与母材的力学性能和化学成分相匹配。②应考虑焊件的复杂程度、刚性大小、焊接坡口的制备情况、焊缝位置、焊件的工作条件和使用性能要求。③操作工艺性、设备及施工条件、劳动生产率和经济合理性。④焊接工人的技术能力和设备能力。焊接材料按压力管道焊接的要求，应设焊材一级库和二级库进行管理。对施工现场的焊接材料贮存场所及保管、烘干、发放、回收等，应按有关规定严格执行。确保所用焊材的质量，保证焊接过程的稳定性和焊缝的成分与性能符合要求。

4. 焊接工艺文件

焊接工艺文件是指导焊接作业的技术规定或措施，一般是由技术人员完成的，按照焊接工艺文件编制的程序与要求，主要有焊接性试验与焊接工艺评定、焊接工艺指导书或焊接方案、焊接作业指导书等内容。焊接性试验一般是针对新材料或新工艺进行的，焊接性试验是焊接工艺评定的基础，即任何焊接工艺评定均应在焊接性试验合格或已掌握其焊接特点及工艺要求之后进行的。经评定合格后的焊接工艺，其工艺指导书方可直接用于指导焊接生产。对重大或重要的压力管道工程，也可依据焊接工艺指导书或焊接工艺评定报告编制焊接方案，全面指导焊接施工。

焊接工艺指导书及焊接工艺评定报告是作为技术文件进行管理的，用来指导生产实践，一般是由技术人员保存管理。因此在压力管道焊接时，往往还需要编制焊接作业指导书，将所有管道焊接时的各项原则及具体的技术措施与工艺参数都指示清楚，并将焊接作业指导书发放至焊工班组，让全体焊工在学习掌握其各项要求之后，在实际施焊中切实贯彻执行。焊工的施工行为都应遵循有关技术标准及工艺文件要求。为了保证压力管道的焊接质量，除了在焊接过程中严格执行设计规定及焊接工艺文件的规定外，还必须按照国家有关标准及规范，严格进行焊接质量的检验。焊接质量的检验包括焊前检验（材料检验坡口尺寸与质量检验、组对质量及坡口清理检验、施焊环境及焊前预热等）、焊接中间检验（定位焊接质量检验焊接线能量的实测与记录焊缝层次及层间质量检验）、焊后检验（外观检验、无损检测）。只有严格把好检验与监督关，才能使工艺要求得到落实，使焊接过程始终处于受控状态。

5. 施焊环境

施焊环境是制约焊接质量的重要因素之一。施焊环境要求有适宜的温度、湿度、风速，才能保证所施焊的焊缝组织获得良好的外观与内在质量，具有符合要求的机械性能与金相组织。因此，施焊环境应符合下列规定：

①焊接的环境温度应能保证焊件焊接所需的足够温度和使焊工技能不受影响。当环境温度低于施焊材料的最低允许温度时，应根据焊接工艺评定提出预热要求。

②焊接时的风速不应超过所选用焊接方法的相应规定值。当超过规定值时，应采取防风设施。

③焊接电弧 1 m 半径范围内的相对湿度不应大于 90%（铝及铝合金焊接时不应大于 80%）。

④当焊件表面潮湿，或在下雨、刮风期间，焊工及焊件无保护措施或采取措施仍达不到要求时，不得进行施焊作业。

（四）压力管道安全对策措施

1. 设计

压力管道的设计单位应当具备《中华人民共和国特种设备安全法》及《特种设备安全监察条例》规定的条件，并按照压力管道的设计范围，取得国家专业机构颁发的压力管道类《特种设备设计许可证》和《压力管道设计审批人员资格证书》，方可从事压力管道的设计活动。

2. 制造、安装

压力管道元件（指连接或者装配成压力管道系统的组件，包括管道、管件、阀门、法兰、补偿器、阻火器、密封件、紧固件、支架、吊架等）的制造安装单位应当获得国家专业机构或者部门的许可，取得许可证方可从事相应的活动。具备自行安装能力的压力管道使用单位，经过省级质量技术监督局审批后，可以自行安装本单位使用的压力管道。

压力管道元件的制造过程，必须由国家专业机构核准的有资格的检验员按照安全技术规范的要求进行监督检验。

3. 使用

使用符合安全技术规范要求的压力管道，配备专职或者兼职专业技术人员负责安全管理工作，制定符合本单位实际的压力管道安全管理制度，建立压力管道技术档案，并向所在地的市级质量技术监督局登记。

使用输送可燃、易爆或者有毒介质的压力管道单位，应当建立巡线检查制度，制定应急救援措施、救援方案和预案，根据需要建立抢险队伍或者有依托社会救援力量的及时联系方式，并定期演练。

压力管道元件必须定期进行校验和检修。

第五章　机电类特种设备检测

第一节　特种设备渗透检测

渗透检测同超声检测、磁粉检测一样，也是工业检测的一个重要手段，其最主要的应用是探测试件表面的宏观几何缺陷。

按照不同特征（使用的设备种类、渗透剂类型、检测工艺和技术特点等）可将渗透检测分为多种不同的种类。设备种类包括固定式、便携式等；渗透剂类型包括荧光渗透剂、着色渗透剂及荧光着色渗透剂；渗透剂去除方法可分为水洗和溶剂清洗；显像剂类型包括干式、湿式等；根据工艺和技术特点又包括原材料检测、焊接接头检测等。着色法是机电类特种设备中应用较多的渗透检测方法，而锻件焊接接头是涉及较多的检测对象。

一、渗透检测原理

将一种含有染料的着色或荧光渗透剂涂覆在零件表面，由于液体的润湿与毛细管作用使渗透剂渗入表面开口缺陷中。然后去掉零件表面多余的渗透剂，再在零件表面涂上显像剂。缺陷中的渗透剂在毛细作用下重新被吸附到零件表面而形成放大了的缺陷图像显示，在黑光灯（荧光检验法）或白光灯（着色检验法）下观察缺陷显示。

渗透检测可广泛应用于检测大部分非吸收性物料的表面开口缺陷，如钢铁、有色金属、陶瓷、塑料等，对于形状复杂的缺陷也可一次性全面检测。无需额外设备，便于现场使用。其局限性在于检测程序烦琐，速度慢，试剂成本较高，灵敏度低于磁粉检测，对于埋藏缺陷或闭合性表面缺陷无法测出。

二、渗透检测的工艺方法及通用技术

（一）渗透检测方法

机电类特种设备渗透检测方法较为常用的有水洗型渗透检测法、溶剂去除型渗透检测法两种。

1. 水洗型渗透检测法

水洗型渗透检测法是目前广泛使用的方法之一，工件表面多余的渗透剂可直接

用水冲洗掉。它包括水洗型荧光法（ⅠA）和水洗型着色法（ⅡA）。荧光法的显像方式有干式、非水基湿式、湿式、自显像等。着色法的显像方式有非水基湿式、湿式两种，一般不用干式和自显像，因为这两种方法均不能形成白色背景，对比度低，灵敏度也低。

水洗型渗透检测法适用于对灵敏度要求不高、工件表面粗糙度较大、带有键槽或盲孔的工件和大面积工件的检测，如锻件、铸件毛坯阶段和焊接件等的检验。工件的状态不同，预期检测的缺陷种类不同，所需渗透时间也不同。实际渗透检测时，需要根据所使用的渗透剂类型、检测灵敏度要求等具体制定，或根据制造厂推荐的渗透时间来具体确定。

水洗型渗透检测法的优点：①对荧光渗透检测，在黑光灯下，缺陷显示有明亮的荧光和高的可见度；对着色渗透检测，在白光下，缺陷可显示鲜艳的颜色。②表面多余的渗透剂可以直接用水去除，相对于其他渗透检测方法，具有操作简便、检测费用低等特点。③检测周期较其他方法短。能适应绝大多数类型的缺陷检测。如使用高灵敏度的荧光渗透剂，可检出很细微的缺陷。④较适用于表面粗糙的工件检测，也适用于螺纹类工件、窄缝和工件上有键槽、盲孔内缺陷等的检测。

水洗型渗透检测的缺点：①灵敏度相对较低，对浅而宽的缺陷容易漏检。②重复性差，故不宜在复检的场合使用。③如清洗方法不当，易造成过清洗，例如水洗时间过长、水温过高、水压过大，都可能会将缺陷中的渗透剂清洗掉，降低缺陷的检出率。④渗透剂的配方复杂。⑤抗水污染的能力弱。特别是渗透剂中的含水量超过容水量时，会出现混浊、分离沉淀、灵敏度下降等现象。⑥酸的污染将影响检验的灵敏度，尤其是铬酸和铬酸盐的影响很大。这是因为酸和铬酸盐在没有水存在的情况下，不易与渗透剂的染料发生化学反应，但当水存在时，易与渗透剂的染料发生化学反应，而水洗型渗透剂中含有乳化剂，易与水混溶，故铬酸和铬酸盐对其影响较大。

2. 溶剂去除型渗透检测法

溶剂去除型渗透检测方法是目前渗透检测中应用最为广泛的方法，也是机电类特种设备渗透检测最常用的方法。

它包括荧光法和着色法。荧光法的显像方式有干式、非水基湿式、湿式、自显像等。着色法的显像方式有非水基湿式、湿式两种。一般不用干式和自显像，因为这两种显像方法的灵敏度太低。

溶剂去除型渗透检测方法适用于表面光洁的工件和焊接接头的检验，特别是溶剂去除型着色检测方法。它更适应于大工件的局部检验、非批量工件的检验和现场检验。工件检验前的预清洗和渗透剂去除都采用同一类溶剂。工件表面多余渗透剂的去除采用擦拭去除而不采用喷洗或浸洗，这是因为喷洗或浸洗，清洗用的溶剂容易很快渗入表面开口的缺陷中，从而将缺陷中的渗透剂溶解掉，造成过清洗，降低检验灵敏度。

溶剂去除型渗透检测多采用非水基湿显像（即采用溶剂悬浮显像剂），因而它具有较高的检测灵敏度，渗透剂的渗透速度快，故常采用较短的渗透时间。

溶剂去除型着色渗透检测法的优点：①设备简单，渗透剂清洗剂和显像剂一样都装在喷罐中使用，故携带方便，且不需要暗室和黑光灯。②操作方便，对单个工件的检测速度快。③适合于外场和大工件的局部检测，配合返修或对有怀疑的部位可随时进行局部检测。④可在没有水、电的场合下进行检测。⑤缺陷污染对渗透检测灵敏度的影响不像对荧光渗透检测的影响那样严重，工件上残留的酸或碱对着色渗透检测的破坏不明显。⑥与溶剂悬浮显像剂配合使用，能检出非常细小的开口缺陷。

溶剂去除型着色渗透检测的缺点：①所用的材料多数是易燃和易挥发的，故不宜在开口槽中使用。②相对于水洗型而言，不太适合于批量工件的连续检测。③不太适合于表面粗糙的工件的检验，特别是对吹砂的工件表面更难应用。④擦拭去除表面多余渗透剂时要细心，否则易将浅而宽的缺陷中的渗透剂擦掉，造成漏检。

3. 渗透检测方法选择

各种渗透检测方法均有自己的优缺点，具体选择检测方法，首先应考虑检测灵敏度的要求，预期检出的缺陷类型和尺寸，还应根据工件的大小、形状、数量、表面粗糙度，以及现场的水、电、气的供应情况，检验场地的大小和检测费用等因素综合考虑。在上述因素中，以灵敏度和检测费用的考虑最为重要。有足够的灵敏度才能确保产品的质量，但这并不意味着在任何情况下都选择高灵敏度的检测方法，例如，对表面粗糙的工件采用高灵敏度的渗透剂，会使清洗困难，造成背景过深，甚至会造成虚假显示和掩盖显示，以致达不到检测的目的。灵敏度高的检测，其检测费用也很高，因此灵敏度要与检测技术要求和检测费用等综合考虑。

此外，在满足灵敏度要求的前提下，应优先选择对检测人员、工件和环境无损害或损害较小的渗透检测剂与渗透检测工艺方法。应优先选用易于生物降解的材料，优先选择水基材料，优先选择水洗法。

对给定的工件，采用合适的显像方法，对保证检测灵敏度非常重要。比如干粉显像剂不能有效地吸附在光洁的工件表面，因而不利于形成显示，故采用湿式显像比干粉显像好；相反，粗糙的工件表面则适于采用干粉显像。采用湿式显像时，显像剂会在拐角、孔洞、空腔、螺纹根部等部位聚集而掩盖显示。溶剂悬浮显像剂对细微裂纹的显示很有效，但对浅而宽的缺陷显示效果较差。

在进行某一项渗透检测时，渗透检测剂应选用同一制造厂家生产的产品，应特别注意不要将不同厂家的产品混合使用。因为制造厂家不同，检测材料的成分也不同，混合使用时，可能会出现化学反应而造成灵敏度下降。经过着色检测的工件，不能再进行荧光检测。

（二）渗透检测通用技术

1.表面清洗和预清洗

（1）预清洗的意义及清洗范围

渗透检测操作中，最重要的要求之一是使渗透剂能最大限度地渗入工件表面开口缺陷，以使显示清晰，容易识别，工件表面的污染物将严重影响这一过程。所以，在施加渗透剂之前，必须对被检工件的表面进行预清洗，以除去工件表面的污染物；对局部检测的工件，清洗的范围应比要求检测的范围大。总之，预清洗是渗透检测的第一道工序。在渗透检测器材合乎标准的条件下，预清洗是保证检测成功的关键。

（2）污染物的种类

被检工件常见的污染物有：①铁锈、氧化皮和腐蚀产物。②焊接飞溅、焊渣、铁屑和毛刺。③油漆及其涂层。④防锈油、机油、润湿油和含有有机成分的液体。⑤水和水蒸发后留下的化合物。⑥酸和碱以及其他化学残留物。

（3）清除污物的目的

污染物会妨碍渗透剂对工件的润湿，妨碍渗透剂渗入缺陷，严重时甚至会完全堵塞缺陷开口，使渗透剂无法渗入。

缺陷中的油污会污染渗透剂，从而降低显示的荧光亮度或颜色强度。

在荧光检测时，最后显像在紫蓝色的背景下显现黄绿色的缺陷影像，而大多数油类在黑光灯照射下都会发光（如煤油、矿物油发浅蓝色光），从而干扰真正的缺陷显示。

渗透剂易保留在工件表面有油污的地方，从而有可能会把这些部位的缺陷显示掩盖掉。

渗透剂容易保留在工件表面毛刺氧化物等部位，从而产生不相关显示。

工件表面上的油污被带进渗透剂槽中，会污染渗透剂，降低渗透剂的渗透能力、荧光强度（颜色强度）和使用寿命。

在实际检测过程中，对同一工件应先进行渗透检测后再进行磁粉检测，若进行磁粉检测后再进行渗透检测时磁粉会紧密地堵住缺陷。而且去除这些磁粉是比较困难的，对于渗透检测来说，湿磁粉也是一种污染物，只有在强磁场的作用下，才能有效地去除。同样，如工件同时需要进行渗透检测和超声检测，也应先进行渗透检测后再进行超声检测。因为超声检测所用的耦合剂，对渗透检测来说也是一种污染物。

2.施加渗透剂

（1）渗透剂的施加方法

施加渗透剂的常用方法有浸涂法、喷涂法、刷涂法、浇涂法等。可根据工件的大小、形状、数量和检查的部位来选择。

浸涂法：把整个工件全部浸入渗透剂中进行渗透，这种方法渗透充分，渗透速度快，效率高，它适用于大批量小工件的全面检查。

喷涂法：可采用喷罐喷涂、静电喷涂、低压循环泵喷涂等方法，将渗透剂喷涂在被检部位的表面。喷涂法操作简单，喷洒均匀，机动灵活，它适于大工件的局部检测或全面检测。

刷涂法：采用软毛刷或棉纱布、抹布等将渗透剂刷涂在工件表面。刷涂法机动灵活，适用于各种工件，但效率低，常用于大型工件的局部检测和焊接接头检测，也适用中小工件小批量检测。

浇涂法：也称流涂法，是将渗透剂直接浇在工件表面，适于大工件的局部检测。

（2）渗透时间及温度控制

渗透时间是指施加渗透剂到开始乳化处理或清洗处理之间的时间。它包括滴落（采用浸涂法时）的时间，具体是指施加渗透剂的时间和滴落时间的总和。采用浸涂法施加渗透剂后需要进行滴落，以减少渗透剂的损耗，也减少渗透剂对乳化剂的污染。因为渗透剂在滴落的过程中仍会继续保留渗透作用，所以滴落时间是渗透时间的一部分，渗透时间又称接触时间或停留时间。

渗透时间的长短应根据工件和渗透剂的温度、渗透剂的种类、工件种类、工件的表面状态、预期检出的缺陷大小和缺陷的种类来确定。渗透时间要适当，不能过短，也不宜太长，时间过短，渗透剂渗入不充分，缺陷不易检出，如果时间过长，渗透剂，清洗困难，灵敏度低，工作效率也低。一般规定温度在 10～50℃范围时，渗透时间大于 10 min。对于某些微小的缺陷，例如腐蚀裂纹，所需的渗透时间较长，有时可以达到几小时。渗透温度一般控制在 10～50℃范围内，温度过高，渗透剂容易干在工件表面，给清洗带来困难，同时，渗透剂受热后，某些成分蒸发，会使其性能下降；温度太低，将会使渗透剂变稠，使动态渗透参量受到影响，因而必须根据具体情况适当增加渗透时间，或把工件和渗透剂预热至 10～50℃的范围，然后再进行渗透。当温度条件不能满足上述条件时，应按标准对操作方法进行选择。

三、显示的解释和缺陷的评定

（一）显示的解释和分类

1. 显示的解释

渗透检测显示（又称为迹痕、迹痕显示）的解释是对肉眼所见的着色或荧光迹痕显示进行观察和分析，确定产生这些迹痕显示原因的过程。即通过对渗透检测工艺方法显示迹痕的解释，确定出肉眼所见的迹痕显示究竟是由真实缺陷引起的，还是由工件结构等原因所引起的，或仅是由于表面未清洗干净而残留的渗透剂所引起的。渗透检测后，对于观察到的所有显示均应做出解释，对有疑问不能做出明确解释的显示，应擦去显像剂直接观察，或重新显像检查，必要且允许时，可从预处理开始重新实施检测过程。也就是说，显示的解释是判断显示是否属于缺陷显示的一个过程。

2. 显示的分类

渗透检测显示一般可分为三种类型：由真实缺陷引起的相关显示、由于工件的结构等原因所引起的非相关显示、由于表面未清洗干净而残留的渗透剂等所引起的虚假显示。

（1）相关显示

相关显示（真实显示）又称为缺陷迹痕显示、缺陷迹痕和缺陷显示，是指从裂纹、气孔夹杂、折叠分层等缺陷中渗出的渗透剂所形成的迹痕显示，它是缺陷存在的标志。

（2）非相关显示

非相关显示（不相关显示）又称为无关迹痕显示，是指与缺陷无关的外部因素所形成的渗透剂迹痕显示，通常不能作为渗透检测评定的依据。其形成原因可以归纳为以下三种情况：

第一种情况：加工工艺过程中所造成的显示，例如装配压印铆接印和电阻焊时不焊接的部分等所引起的显示，这类迹痕显示在一定范围内是允许存在的，甚至是不可避免的。

第二种情况：由工件的结构外形等所引起的显示，例如键槽、花键、装配结合的缝隙等引起的显示，这类迹痕显示常发生在工件的几何不连续处。

第三种情况：由工件表面的外观（表面）缺陷引起的显示，包括机械划伤、刻痕、凹坑、毛刺焊接接头表面状态或铸件上松散的氧化皮等，由于这些外观（表面）缺陷经肉眼目视检验可以发现，通常不是渗透检测的对象，故该类显示通常也被视为非相关显示。

非相关显示引起的原因通常可以通过肉眼目视检验来证实，故对其的解释并不困难。通常不将这类显示作为渗透检测质量验收的依据。

（3）虚假显示

虚假显示是由于不适当的方法或处理产生的显示，或为操作不当引起的显示，其不是由缺陷引起的，也不是由工件结构或外形等原因引起的，有可能被错误地解释为由缺陷引起的，故也称为伪显示。产生虚假显示（指对工件检测时形成）的常见原因包括以下几种：工作者手上的渗透剂污染；检测工作台上的渗透剂污染；显像剂受到渗透剂的污染；清洗时，渗透剂飞溅到干净的工件上；擦布或棉花纤维上的渗透剂污染；工件筐、吊具上残存的渗透剂与清洗干净的工件接触造成的污染等。

渗透检测时，由于工件表面粗糙、焊接接头表面凹凸、清洗不足等而产生的局部过度背景也属于虚假显示，它容易掩盖相关显示。从迹痕显示特征上来分析，虚假显示是能够很容易识别的。若用沾湿少量清洗剂的棉布擦拭这类显示，很容易擦掉，且不重新显示。渗透检测时，应尽量避免引起虚假显示。

相关显示、非相关显示和虚假显示都是迹痕显示，但相关显示和非相关显示均是由某种缺陷或工件结构等原因引起的、由渗透剂回渗形成的渗透检测过程中的出现可重复性迹痕显示，而虚假显示不是可重复性显示。相关显示影响工件的使用性能，需要进行评定，而非相关显示和虚假显示都不是由缺陷引起的，并不影响工件的使用性能，故不必进行评定。

（二）缺陷的评定

1. 缺陷显示的分类

缺陷迹痕显示的分类一般是根据其形状、尺寸和分布状况进行的。渗透检测的质量验收标准不同，对缺陷显示的分类也不尽相同。通常应根据受检工件所使用的渗透检测质量验收标准进行具体分类。

仅仅依据缺陷迹痕显示的图形来对缺陷进行评定，通常是困难的、片面的。所以，渗透检测标准等对缺陷迹痕显示进行等级分类时，一般将其分为线状缺陷迹痕显示、圆形缺陷迹痕显示和分散状缺陷迹痕显示等类型。

对于承压类特种设备的渗透检测而言，通常将缺陷迹痕分为线形、圆形、密集型，根据设备或试件的位置分为纵向、横向显示等。

（1）线形缺陷迹痕显示

线形（也称为线状）缺陷迹痕显示通常是指长度（L）与宽度（B）之比（L/B）大于 3 的缺陷迹痕显示。裂纹、冷隔或锻造折叠等缺陷通常产生典型的连续线形缺陷迹痕显示。

线形缺陷迹痕显示包括连续线形和断续线形缺陷迹痕显示两类。断续线形缺陷迹痕显示可能是排列在一条直线或曲线上的相邻的多个缺陷引起的，也可能是单个缺陷引起的。当工件进行磨削、喷丸吹沙、锻造或机加工时，原来表面上的连续线形缺陷部分被堵塞，渗透检测时也会呈现为断续的线状迹痕显示。对于这类缺陷显示，应作为一个连续的长缺陷处理，即按一条线形缺陷进行评定。

（2）圆形缺陷迹痕显示

圆形缺陷迹痕显示通常是指长度（L）与宽度（B）之比（L/B）不大于 3 的缺陷迹痕显示。即除线形缺陷迹痕显示外的其他缺陷迹痕显示，均属于圆形缺陷迹痕显示。圆形缺陷迹痕显示通常是由工件表面的气孔、针孔、缩孔或疏松等缺陷产生的。较深的表面裂纹在显像时能渗出大量的渗透剂（回渗现象），也可能会在缺陷处扩散成圆形缺陷迹痕。小点状显示是由针孔、显微疏松产生的，由于这类缺陷较为细微，深度较小，故可能显示较弱。

（3）密集缺陷迹痕显示

对于在一定区域内存在多个圆形缺陷迹痕显示，通常称为密集缺陷迹痕显示。由于不同类型、不同用途的工件其质量验收等级要求不同，对区域的大小规定不同，缺陷迹痕大小和数量的规定也不同。

（4）纵（横）向缺陷迹痕显示

对于轴类、棒类、焊接接头等工件的缺陷显示，当其迹痕显示的长轴方向与工件轴线或母线存在一定的夹角（一般为≥30°）时，通常按横向缺陷迹痕显示处理，其他则可按纵向缺陷迹痕显示处理。

2. 缺陷的分类

按照形成缺陷的不同阶段，渗透检测的缺陷一般可分为原材料缺陷、制造工艺缺陷和在役使用缺陷。

（1）原材料缺陷

原材料缺陷也称为冶金缺陷、原材料的固有缺陷，是金属在冶炼过程中，金属材料由液态凝固成固态时产生的缩管、夹杂物、气孔、钢锭裂纹等缺陷。例如钢锭等经过开坯、冷热加工变形后，这些缺陷的形状、名称可能会发生改变，但仍然属于原材料缺陷。如原钢锭中的夹杂或气孔，在棒材上的发纹；原钢锭中的气孔、缩孔或夹杂等经轧制后，在板材上的分层；钢锭中的裂纹残留在棒坯中经变形而产生的缝隙缺陷等。

（2）制造工艺缺陷

工艺缺陷是与工件制造的各种工艺因素有关的缺陷，这些制造工艺包括铸造、冲压、锻造、挤压、滚轧、机加工、焊接、表面处理、热处理等。制造工艺缺陷多数又称为加工缺陷，通常有下列几种情况。

第一种情况是钢锭等原材料经过一定的变形加工后，在棒材、板材、丝材、管材或带材上，由于变形加工工艺的原因而形成的缺陷。这些变形加工工艺有锻造、挤压、滚轧拉拔、冲压、弯曲等，产生的缺陷有锻造裂纹、折叠、缝隙、冲压裂纹、弯曲裂纹等。

第二种情况是在焊接和铸造时产生的缺陷，例如裂纹、气孔、疏松、夹杂冷隔、未焊透、未熔合等。对于铸造工件中的铸造缺陷，尽管在性质上与钢锭中的铸造缺陷相同，但由于铸造是工件的一种制造工艺，故铸件中的缺陷通常被纳入制造工艺缺陷。

第三种情况是工件在车、铣、磨等机械加工，电解腐蚀加工，化学腐蚀加工，热处理，表面处理等工艺过程中产生的缺陷。如磨削裂纹、镀铬层裂纹、淬火裂纹、金属喷涂层裂纹等。

（3）在役使用缺陷

在役使用缺陷是工件在使用、运行过程中产生的新缺陷，如针孔腐蚀、疲劳裂纹、应力腐蚀裂纹、磨损裂纹等。

3. 常见缺陷及其特征

（1）焊接气孔

气孔是一种常见的缺陷。气孔的存在使工件的有效截面积减少，从而降低其抗外载的能力，特别是对弯曲和冲击韧性的影响较大，是导致工件破断的原因之一。

焊接气孔是指焊接时，熔池中的气体未在金属凝固前逸出，残存于焊接接头之中所形成的空穴。其气体可能是熔池从外界吸收的，也可能是焊接过程中反应生成的。焊接气孔是焊接件一种常见的缺陷，可分为表面气孔（工件外部气孔）和埋藏气孔（工件内部气孔）。根据分布情况不同，又可分为分散气孔、密集气孔和连续气孔等。气孔的大小差异也很明显。

渗透检测主要以表面气孔为检出对象。

（2）裂纹

裂纹的种类很多，在渗透检测中，以表面裂纹为检出对象，常见的裂纹有下列几种。

①焊接裂纹

焊接裂纹是指在焊接过程中或焊接以后，在焊接接头出现的金属局部破裂现象。焊接裂纹除降低接头强度外，还由于裂纹端有尖锐的缺口，将引起较高的应力集中，使裂缝继续扩展，进而导致整个结构件的破坏。特别是承受动载荷时，这种缺陷是很危险的。因此，焊接裂纹是焊接接头中不能允许的缺陷。

焊接裂纹按其产生的部位不同，可分为纵向裂纹、横向裂纹、熔合区裂纹、根部裂纹、火口裂纹、热影响区裂纹等。按裂纹产生的温度和时间不同，可分为热裂纹和冷裂纹。

a. 热裂纹：金属从结晶开始一直到相变以前所产生的裂纹都称为热裂纹，又称为结晶裂纹。它沿晶面开裂，具有晶间破坏性质。当它与外界空气接触时，表面呈氧化色彩（蓝色、蓝黑色）。热裂纹常产生于焊接接头中心（纵向），或垂直于焊接接头，呈鱼鳞波纹状或不规则锯齿状；也有产生于断弧的弧坑（火口）处的，呈放射状。微小的弧坑裂纹，用肉眼观察往往不容易发现。渗透检测时，热裂纹迹痕显示一般呈略带曲折的波浪状或锯齿状红色细条线或黄绿色（荧光渗透时）细条状。弧坑裂纹呈星状，较深的弧坑裂纹有时因渗透剂回渗较多使其迹痕扩展而呈圆形，但如用沾有清洗剂的棉球擦去显示后，裂纹的特征可清楚地显示。

b. 冷裂纹：冷裂纹是指在相变温度下的冷却过程中和冷却以后出现的裂纹。这类裂纹多出现在有淬火倾向的高强钢中。一般低碳钢工件，在刚性不大时不易产生这类裂纹。冷裂纹通常产生于焊接接头的热影响区,有时也在焊接接头金属中出现。冷裂纹的特征是穿晶开裂。冷裂纹不一定在焊接时产生,它可以延迟几个小时甚至更长的时间以后才产生,所以又称延迟裂纹。由于其延迟特性和快速脆断特性,它具有很大的危害性。它常产生于焊层下紧靠熔合线处,并与熔合线平行;有时焊根处也可能产生冷裂纹,这主要是由于缺口造成了应力集中,如果此时钢材淬火倾向较大,则可能产生冷裂纹。

c. 层状撕裂

焊接具有丁字接头或角接头的厚大工件时,沿钢板的轧制方向分层出现的阶梯状裂纹属于冷裂纹,其产生原因主要是钢材在轧制过程中,非金属夹杂物沿杂质方向形成各向异性。在焊接应力或外加约束应力的作用下形成开裂。

d. 再热裂纹

沉淀强化的材料工件的焊接接头冷却后再加热至 $500 \sim 700℃$ 时,一般会产生从熔合线向热影响区的粗晶区发展,呈晶间开裂特征的再热裂纹。渗透检测时,冷裂纹的形状一般呈直线状红色或明亮黄绿色(荧光渗透时)细线条,中部稍宽,两端尖细,颜色或亮度逐渐减淡,直到最后消失。

②淬火裂纹

淬火裂纹是工件在热处理淬火过程中产生的裂纹,一般起源于刻槽尖角等应力集中区。渗透检测时,通常呈红色或明亮黄绿色(荧光渗透时)的细线条显示,呈线状、树枝状或网状,裂纹起源处宽度较宽,沿延伸方向逐渐变细。

③磨削裂纹

工件在磨削加工时,由于砂轮粒度不当、砂轮太钝、磨削进刀量太大、冷却条件不好或工件上碳化物偏析等,都可能引起磨削加工表面局部过热,在加工应力作用下而产生磨削裂纹。磨削裂纹一般比较浅微,其方向通常垂直于磨削方向,由热处理不当产生的磨削裂纹有的与磨削方向平行,并沿晶界分布或呈网状、鱼鳞状、放射状或平行线状分布。渗透检测时磨削裂纹显示呈红色断续条纹,有时呈现为红色网状条纹或黄绿色(荧光渗透时)亮网状条纹。

④疲劳裂纹

工件在使用过程中,长期受到交变应力或脉动应力作用,可能在应力集中区产生疲劳裂纹。疲劳裂纹往往从工件上划伤、刻槽、陡的内凹拐角及表面缺陷处开始,开口于工件表面,其方向与受力方向垂直,中间粗,两头尖。渗透检测时,迹痕显示呈红色光滑线条或黄绿色(荧光渗透时)亮线条。

⑤应力腐蚀裂纹

应力腐蚀裂纹是处于特定腐蚀介质中的金属材料在拉应力作用下产生的裂纹。由于工件金属材料受到外部介质(雨水、酸、碱、盐等)的化学作用产生腐蚀坑,起到缺口作用造成应力集中，成为疲劳源，进一步在交变应力作用下不断扩展，最终导致腐蚀开裂。应力腐蚀裂纹通常与拉应力方向垂直。

⑥晶间腐蚀

奥氏体不锈钢的晶间析出铬的碳化物导致晶间贫铬，在介质的作用下晶界发生腐蚀，产生连续性的破坏，称为晶间腐蚀。

⑦白点

白点是钢材在锻压或轧制加工时，在冷却过程中未逸出的氢原子聚集在显微空隙中并结合成分子状态，对钢材产生较大的内应力，再加上钢材在热压力加工中产生的变形力和冷却过程相变产生的组织应力的共同作用下，导致钢材内部的局部撕裂。白点多为穿晶裂纹。在横向断口上表现为由内部向外辐射状不规则分布的小裂纹，在纵向断口，上呈弯曲线状裂纹或银白色的圆形或椭圆形斑点，故称为白点。

4. 缺陷显示的评定

（1）缺陷迹痕显示等级评定的一般原则

渗透检测缺陷迹痕显示等级评定是对渗透检测显示做出解释之后，确定其是否符合规定的验收标准的过程。其目的是对渗透检测得到的迹痕显示，通过观察、解释和分析，确定为缺陷迹痕显示的，按照相关标准或技术文件等的要求进行分类和质量等级评定，并在此基础上进行质量验收，判定受检工件的质量是否合格。

评定时，对缺陷显示均应进行定位、定量及定性。由于渗透剂的扩展，渗透检测缺陷迹痕显示尺寸通常远大于缺陷的实际尺寸，显像时间对缺陷评定的准确性有明显影响，这在定量评定中应特别注意。显像时间太短时，缺陷迹痕显示甚至不会出现。而在湿式显像中，随着显像时间的延长，缺陷迹痕显示呈不断扩散、呈放射状；相邻缺陷的迹痕显示图形，可能变得像一个缺陷。随着显像时间的延长，不断观察缺陷迹痕显示形貌的变化，才能够比较准确地评价缺陷的大小和种类。因此，在进行缺陷迹痕显示的等级分类和评定时，按照渗透检测标准或技术说明书上所规定的渗透检测显像时间进行观察和评定是十分必要的。

缺陷迹痕显示的等级评定均只针对由缺陷引起的迹痕显示进行，即只针对相关显示进行。当能够确认迹痕显示是由外界因素或操作不当等因素造成时，不必进行迹痕显示的记录和评定。缺陷迹痕显示评定等级后，需按指定的质量验收等级验收，对受检工件给出合格与否的结论。对于明显超出质量验收标准的超标缺陷迹痕显示，可立即给出不合格的结论。对于那些尺寸接近质量验收标准的缺陷迹痕显示，需在适当的观察条件下（必要时借助放大镜）进一步仔细观察，测出缺陷迹痕显示的尺寸和确定缺陷的性质后，才能下结论。发现超标缺陷而又允许打磨或补焊的工件，应在打磨后再次进行渗透检测，确认缺陷已经被消除后再进行补焊，补焊后还需要再次进行渗透检测或采用其他无损检测方法再次进行验收确认。

（2）渗透检测质量验收标准

渗透检测所给出的缺陷迹痕显示图形，只给出了呈现在表面的二维平面形状和长度、宽度尺寸，既缺乏关于深度方向的尺寸、缺陷尖端形状等信息，也缺乏缺陷内部形状、缺陷性质等信息，难以直接按照缺陷对工件结构安全性、完整性影响的大小来进行等级分类。因此，渗透检测质量验收标准规定的质量等级分类，仅仅是针对工件表面缺陷的形状和尺寸（长、宽）进行的，属于质量控制范畴。

渗透检测质量验收标准通常按以下方法制定。

①引用类似工件的现有质量验收标准，这些现有标准都是经过长时间的实际使用考验后，被证明是可靠的。

②按一定的工艺试生产一批工件，进行渗透检测，对渗透检测发现存在缺陷的工件进行破坏性试验，如强度试验、疲劳试验等，根据试验结果制定合适的质量验收标准。

③根据经验或理论的应力分析，制定质量验收标准。还可通过对存在典型类型缺陷的工件进行模拟实际工况的试验，然后制定质量验收标准。

④对于特种设备工件，渗透检测标准、缺陷迹痕显示的质量验收标准通常由相关标准或技术规范予以规定。

（3）缺陷迹痕显示评定的一般要求

对能够确定是由裂纹类缺陷（如裂纹、白点等）引起的缺陷迹痕显示，由于其严重影响工件结构的安全性及完整性，是最危险的缺陷类型，绝大多数渗透检测标准均不对其进行质量等级分类，而直接评定为不允许的缺陷显示迹痕。

对于小于人眼所能够观察的极限值尺寸的渗透检测迹痕显示，难以进行定量测定和性质判断，一般可以忽略不计。

进行渗透检测缺陷显示迹痕的评定时，长度与宽度之比大于3的，一般按线形缺陷处理；长度与宽度之比小于或等于3的缺陷显示迹痕，一般按圆形缺陷评定处理。圆形缺陷显示迹痕的直径一般是指其在任意方向上的最大尺寸。

对于线形缺陷显示的长轴方向与工件（轴类、管类或焊接接头）轴线或母线的夹角大于或等于30°时，一般按横向缺陷进行评定、处理，其他按纵向缺陷进行评定、处理。对于两条或两条以上的线形缺陷显示迹痕，当在同一条直线上且间距不大于2 mm时，应合并为一条缺陷显示迹痕进行评定、处理，其长度为两条缺陷显示迹痕之和加间距。

四、渗透检测记录和报告

（一）缺陷的记录

非相关显示和虚假显示不必记录和评定。

对缺陷显示迹痕进行评定后，有时需要将发现的缺陷形貌记录下来，缺陷记录方式一般有如下几种。

1. 草图记录

画出工件草图，在草图上标注缺陷的相应位置、形状和大小，并说明缺陷的性质。这是最常见的缺陷迹痕显示的记录方式。

2. 照相记录

在适当的光照条件下，用照相机直接把显示的迹痕缺陷拍照下来。着色渗透显示在白光下拍照，最好用数码照相机，这样记录的缺陷迹痕显示图像更真实、方便。荧光渗透检测显示需在紫外线灯下拍照，拍照时，镜头上要加黄色滤光片，且采用较长的曝光时间。可采用在白光下极短时间曝光以产生工件的外形，再在不变的曝光条件下，继续在紫外线下进行曝光，这样可得到在清楚的工件背景上的缺陷迹痕显示图像的荧光显示。

3. 可剥性塑料薄膜等方式记录

采用溶剂蒸发后会留下一层带有显示的可剥离薄膜层（或称可剥性塑料薄膜）的液体显像剂显像后，将其剥落下来，贴到玻璃板上保存起来。剥下的显像剂薄膜包含缺陷迹痕显示图像，着色渗透检测时在白光下，荧光渗透检测时在紫外线灯下，可看见缺陷迹痕显示图像。

4. 录像记录

对于渗透检测过程和缺陷，也可以在适当的光照条件下采用模拟或数字式录像机，完整地记录缺陷迹痕显示的形成过程和最终形貌。

（二）检测记录和报告

渗透检测时填写检测原始记录，渗透检测完成后应在原始记录的基础上出具渗透检测报告。按照无损检测质量管理的一般要求，通常检测记录的信息量应不少于检测报告的信息量。渗透检测原始记录及报告应包括如下内容。

受检工件状态：委托单位；被检工件名称、编号、规格、形状、坡口型式、焊接方式和热处理状态。

检测方法及条件：检测设备、渗透检测剂的名称和牌号、检测规范、检测比例、检测灵敏度校验及试块名称、预清洗方法、渗透剂施加方法、乳化剂施加方法、去除方法、干燥方法、显像剂施加方法、观察方法和后清洗方法、渗透温度、渗透时间、乳化时间、水压及水温、干燥温度和时间、显像时间。

检测结论：缺陷名称、大小及等级，检测结果及质量分级检测标准名称和验收等级。

示意图：渗透检测部位、缺陷迹痕显示记录及工件草图（或示意图）。

其他：检测和审核人员签字及其技术资格；检测日期等。

五、渗透检测在机电类特种设备中的应用

（一）客运索道的渗透检测

客运索道是特种设备的一种，它是在险要山崖地段安装具有高空承揽运送游客的一种特殊设备，一旦发生事故，后果不堪设想。

抱索器是客运索道的主要构件之一，也是最关键的构件，抱索器属锻件，形状不规则，在使用过程中，受交变频率较强的拉力和扭矩力，易产生疲劳裂纹，通常采用渗透检测的方法检查其表面开口缺陷。

下面以在用客运索道抱索器为例，介绍渗透检测在客运索道中的具体应用。具体检测方案确定如下。

1. 检测前的准备

（1）待检工件表面的清理

检测前应清除工件表面的铁屑、油污及其他可能影响磁化和观察的杂物，必要的情况下采用清洗剂进行清洗。

（2）设备器材的选择

考虑到该类构件的现状较为复杂，加之现场检测，所以采用溶剂去除着色法，以便于现场操作，并且可以一次检出各个方向的缺陷，相应的检测器材较为简单，包括着色剂、清洗剂及显像剂，通常上述试剂为市售套装。

2. 检测时机

工件表面清理完毕并经外观检查合格后，如果工件表面油污较多，还应采用清洗剂进行预清洗，清洗后当工件表面达到干燥状态后方可进行检测。

3. 检测方法和技术要求

基本操作程序包括预清洗、着色剂的施加、多余着色剂的去除、显像剂的施加，观察、后处理。

渗透时间应根据检测时的环境温度及工件表面状况进行控制，通常情况下渗透时间控制在 10 ~ 15 min。

4. 其他技术要求

采用清洗剂去除工件表面多余着色剂时，应根据工件表面状况掌握，避免过清洗。

5. 缺陷部位的标识

缺陷部位以记号笔加以清楚标注。

6. 检测记录和报告的出具

采用的记录和报告要符合规范、标准的要求及检测单位质量体系文件的规定。

记录应至少包括下列主要内容：工件技术特性（包括工件名称、编号、材质、规格、表面状态等）、检测设备器材（包括渗透剂型号、灵敏度试片的种类型号等）、检测方法（包括渗透时间、显像时间等）检测部位示意图、评定结果（缺陷种类、数量评定级别等）、检测时间、检测人员。

报告的签发：报告填写要详细清楚，并由Ⅱ级或Ⅲ级检测人员（PT）审核、签发。检测报告至少一式两份，一份交委托方，一份检测单位存档。

记录和报告的存档。相关记录、报告、射线底片应妥善保存，保存期不低于技术规范和标准的规定。

检测完毕后清理检测现场，做好环境保护工作。

（二）游乐设施的渗透检测

太空漫步车架是承载的重要构件通常采用不锈钢材料制作。下面以太空漫步车架为例，介绍渗透检测在游乐设施中的具体应用。

具体检测方案和工艺的确定方法同前述客运索道，基本操作程序如下：

①用清洗剂清洗工件表面。

②游洗剂晾干后在检测部位喷涂渗透剂。

③喷涂渗透剂完成 10 min 之后用清洗利清洗检测那位多余的渗透剂，注意不要过度清洗。

④清洗剂晾干后在检测部位喷涂显像剂。

⑤喷涂显像剂完成后 10 min，观察工件检测部位表面是否有缺陷痕迹显示，并做好记录，出具报告。

⑥清理检测现场，做好环境保护工作。

第二节　特种设备射线检测

一、射线检测的设备和器材

目前工业射线检测中使用较普遍的有 X 射线机和 γ 射线机。随着现代科技的发展，一些新型、先进的射线检测设备不断涌现，在此仅概要介绍。

（一）射线机

1.X 射线机

（1）X 射线机的种类

随着技术的不断发展，X 射线机也在不断得到发展和完善，同时，根据工业射线检测的需要，射线机的类型也越来越多。X 射线机的划分方法有很多，根据不同的划分方法可分出不同的类型。

按使用场合划分：①携带式X射线机。此类X射线机体积小，重量轻，适用于野外、高空作业。②移动式X射线机。此类X射线机体积和重量较大，能量大，电流连续可调，工作效率高，适用于固定探伤室。

按使用性能划分：①定向X射线机。辐射角是40°左右的圆锥角，一般用于定向局部拍片。②周向X射线机。又分为周向锥靶机（辐射角360°±12°）和周向平靶机（辐射角360°±24°），主要用于环形工件。③管道爬行器。为了解决人员无法到达或出入较困难的工件的检测（如管道）而设计生产的一种装在爬行装置上的X射线机。该机爬行时，用一根长电缆提供电力和传输控制信号，利用工件外放置的一个小同位素γ射线源确定位置，使X射线机在工件内爬行到预定位置进行检测。

按绝缘方式划分：①油绝缘X射线机。使用变压器油绝缘，体积大，重量大，是一种已经被淘汰的机型。②气绝缘X射线机。采用高压绝缘气体六氟化硫（SF_6）绝缘，体积小，重量轻，控制、保护功能齐全，是目前使用最多的机型。

按工作频率（即供给X射线管高压部分交流电的频率）划分：①工频机。工作频率50 Hz，如油绝缘携带式X射线机。②变频机。工作频率在300～800 Hz，是目前使用最为普遍的机型。③恒频机。实现恒频有两种方式，一种是占空比、频率及脉宽均不变，灯丝加热用单独的一套电路，通过对管电流的跟踪取样检测，调整灯丝的加热电流，也能达到稳定管电流的目的。另一种是占空比改变，但频率不变。

携带式X射线机的发展方向是：①射线机头小型化和轻量化。提高X射线机的工作频率，可以减小变压器的铁芯尺寸，使高压变压器的重量减轻，体积变小，同时提高其穿透能力。②提高自动化程度和操作可靠性。将计算机技术应用于X射线机的操作，可进一步提高操作过程的自动化水平，如安装计算机操作系统，实现自动训机、间隙休息、按给定的曝光条件工作等多种功能。采用语言报警提示，各部分工作参数用中文、数字和波形显示，并能一机通用，自动识别不同型号的射线机头等。

（2）X射线机的基本结构

X射线机的类型虽然较多，但其基本结构是一致的，都包括X射线发射装置、供给发射装置高压的高压装置、控制高压装置的控制装置。同时，由于X射线在形成过程中，电子能量的99%转化为热能，而只有1%的能量用于生成X射线，冷却装置也是必不可少的。本部分重点介绍实际检测中较为常用的两种X射线机。

①便携式X射线机：便携式X射线机由X射线发生器、控制电缆、控制器、警示灯、控制器电源电缆等组成。X射线发生器是发射X射线的核心装置，其两端配置圆形、方形或带凹槽端环以便于人工搬运及放置，射线管、高压变压器被封闭在充满六氟化硫（SF_6）的密闭铝制筒体内。我国通行的便携式X射线机X射线发生

器采用阳极接地的工作原理，因此阳极透出管筒直接与散热片相连，采用风机冷却散热片方式进行制冷。

由于这种散热方式散热效率有限，很难充分对射线管进行散热，因此此种机型绝大部分不能连续工作，国内一般采取工作 5 min、休息 5 min 的 1∶1 工作方式。也有厂家对散热片进行了特殊的处理，强化风冷效果，在环境温度不是很高（一般要求环境温度不超过 20℃）的情况下可持续工作 20 min，或直接为散热器加入水冷机构使射线管能够连续工作（虽有应用但都不是十分普遍）。

变频气绝缘便携式射线探伤机由于其零部件能够 100% 国产，因而价格较为低廉，技术也十分成熟，是国内射线探伤领域应用最广泛的机型。

②移动式探伤机和固定式探伤机：移动式探伤机与固定式探伤机的组成结构类似，仅体积有所不同。其整机均由金属陶瓷 X 射线管、高压电缆及法兰、高压发生器、冷却器及水／油管、控制器组成。

（3）X 射线机的使用与维护

X 射线机的日常使用、维护均有相应的技术要求，据此操作可以有效保证设备的正常使用，延长其使用寿命，现以便携式 X 射线机为例加以说明。

安装：①便携式 X 射线机的使用首先要确认供电电源，一般国产设备的供电电源为交流 220 V，新的操作人员在初次使用时由于错误地接入了 380 V 动力电源而使控制器电源故障的情况时有发生。②应确保控制器良好接地，并确认现场接地体合格有效。③用连接电缆将控制器和 X 射线发生器连接起来，并保证接触良好。④如有需要可将报警灯接到 X 射线发生器上，以显示 X 射线的发生。⑤使用 X 射线机应有 X 射线防护设施，如在野外使用，应用 2 mm 厚的铅板进行防护；无条件时，以 X 射线发生器焦点为中心，透照时半径 20 m 内不得有人。⑥上述步骤完成后，还要认真检查 X 射线发生器的压力表，如压力表数值低于 0.35 MPa，严禁开机，以防损坏 X 射线发生器。

使用：①打开电源开关，控制器电源灯亮，数码管显示与拨码盘一致，约 30 s 后，准备灯亮。②当电源电压正常时，调节电压值选择旋钮到所需要的值，并选择所需的曝光时间，然后可进行下一步骤。③每天使用前都要进行简单的训机，应根据机器停用的时间来选定训机时间的长短，一般训机到最高电压值的时间应不少于 5 min。在机器停用超过一个星期的情况下，应按照使用说明书进行训机。④按高压开按钮，高压灯亮并闪烁，几秒后毫安灯也亮并闪烁，X 射线发生器开始工作，向外辐射 X 射线。⑤当数码管显示 0.0 时，表明曝光时间结束，机器自动切断高压，蜂鸣器鸣响，数码管显示预选值准备下一次曝光。这时准备灯灭，等到与上次工作时间相等时，准备灯亮。准备灯不亮时，不能开高压。⑥在机器工作期间，由于电源或其他故障引起断高压时，蜂鸣器鸣响，数码管显示相应的故障代码，6 s 后显示关断高压时的时间。如果需要继续曝光,按高压开按钮即可。要使数码管显示预选值,可按高压关按钮。

训机:当机器停用超过一个星期时,应按使用说明书的要求逐渐提高电压值。训机非常重要,在每次工作前都应进行训机,忽视训机将损坏 X 射线管或缩短 X 射线管的使用寿命。

使用注意事项:①通过压力表检查 X 射线发生器中的气压,低于 0.35 MPa 时禁止使用。②应使控制器上的接地端可靠接地,以保证安全。③检查电缆是否接触良好,电缆插座是否清洁。④机器工作时间与休息时间按 1:1 的比例进行,在机器休息期间不能切断电源,以保证控制器和 X 射线发生器的冷却风扇正常工作。⑤当电源电压在瞬间有较大的波动时,可能使保护电路动作,此时不属机器故障,可以继续使用。⑥希望加长连接电缆使用时,电缆每芯导线的截面积应符合规定。

搬运:由于便携式 X 射线机采用气绝缘,内部器件由上至下单点直连,因此在搬运过程中应轻拿轻放,尽量减少颠簸。在维修中发现很多外表有撞伤的 X 射线机内部都存在器件错位或脱落等故障。

维护和检查:①当机器出现故障时,控制器会显示故障代码,一般为"欠流""过流""初压过高""过温"等,此时,应停止工作,检查原因。②如打开电源开关,控制器电源灯不亮,则应检查电源电缆是否接触良好,电源灯损坏或 2 A(或 5 A)保险丝是否熔断。③准备灯亮,但 X 射线机无法开启,这种情况下应检查是控制器还是 X 射线发生器的故障。a.控制器检查。拔掉控制器上的连接电缆,将电缆插座的温度继电器接头与地接头两孔短路。如果准备灯亮,可按高压开按钮,若高压灯也亮并闪烁,而且几秒后高压自动切断,则说明控制器正常。如果准备灯不亮,按高压开按钮又发出射线,则准备灯延时电路有故障,或电源电压太低。b.X 射线发生器检查。连接电缆插座的温度继电器接头与地接头两孔针接触不良,或 X 射线发生器温度过高,温度继电器动作,检查冷却风扇是否正常工作。若上述检查均正常,说明控制器或 X 射线发生器存在较严重的内部故障,需更换内部器件,只能到专业维修部门进行维修。④机器在正常工作期间一般不会出现不正常的响声,如果随着管电压的增加,控制器出现不正常响声,则可能是 X 射线发生器中 X 射线管或高压变压器有故障,这时电源功率保护开关出现切断的情况。⑤接触机器时触电,则接地不良或绝缘不良。

2. γ 射线机

(1)γ 射线机的种类

按所装放射性同位素不同,可分为 Co–60 γ 射线机、Cs–137 γ 射线机、Ir–192 γ 射线机、Se–75 γ 射线机、Tm–170 γ 射线机及 Yb–169 γ 射线机。

按机体结构可分为直通道形式和 S 通道形式。

按使用方式可分为便携式、移动式、固定式及管道爬行器式。

（2）γ射线机的结构

γ射线机一般由射线源、屏蔽体驱动缆、连接器、支持装置等组成。为了减少散射线，Ir-192和Co-60产品附有各种钨合金光阑，可装在放射线源容器上或装在放射线源导管末端。按工作需要发射出定向、周向或球形射线场。源导管标准长度为3 m，可根据需要延长。

Co-60 γ射线机除可手动操作外，还可采用电控器，其主要作用是可以预置延迟时间和曝光时间。当采用电控器后，在预置延迟时间内，操作人员可以远离探伤地点，直到曝光时间结束，电控器把放射源自动收回源容器中。

近年来，这种γ射线探伤装置在现场实际应用中工作安全可靠，在无水无电源的场所也可以应用，功能齐全，并配有多种附件，用途广泛。配件主要有以下几类。

光阑：可提供各种射线光束的光阑，有周向光阑和定向光阑之分，并且可以直接固定在设备上，也可以安装在源导管末端。光阑材料用钨（W）制成，仅允许有少量γ射线束穿过，起到控制作用。

源导管：源导管标准长度为3 m，与设备连接采用快速连接器。

手、电控系统：在没有电源的情况下，可以使用手控器，其长度为10 ~ 15 m。为了更加安全也可以采用电控器。其曝光时间为1 s ~ 999 min。当曝光结束后，放射源可以自动收回。

（3）γ射线机的操作

选择γ射线探伤装置必须注意如下几点：

①应看该装置是否有足够的穿透能力，也就是能否满足检验所需的光子能量。

②要根据使用的环境和场所，选择能够满足要求的半衰期，在穿透能力满足要求的前提下，应尽可能选择半衰期长的探伤装置。

③选择蜕变后和蜕变中的产物不会污染周围环境的探伤装置。

④放射源易于安装、保存和处理。

⑤γ射线探伤设备漏辐射越低越好，便于维护保养，便于携带及使用方便。

⑥为了提高拍片的灵敏度，尽可能选择尺寸小、辐射焦点小的辐射源。为了经济，选择易于制作、成本低廉的同位素。

确定γ射线探伤作业的条件：利用γ射线探伤装置进行探伤作业时，曝光条件的确定主要包括辐射源的种类、辐射源的活度（剂量）、曝光时间和焦距四个方面。不同种类的辐射源，其辐射能量不同，因而能穿透被检工件的厚度也不同，能量越高，穿透力越强。γ射线源都有自己的固定能量，它与X射线不一样，X射线探伤可以根据被检工件的厚度改变射线机的管电流和管电压，以此达到改变能量的目的。

我国目前普遍采用的有钴（Co-60）和铱（Ir-192）两种辐射源，Co-60的能量为 1.17 MeV、1.33 MeV。铱（Ir-192）的能量为 0.13 MeV、0.29 MeV、0.58 MeV、0.6 MeV，它们的能量是固定不变的。

为了达到一定的检测灵敏度，应根据被检验材料的性质和厚度，适当地选择 γ 射线源。具体限值范围依据相应标准规定。

仪器维护及注意事项：① γ 射线机的传动机构应经常用机油擦洗或添加润滑剂。②输源管内应避免灰尘和沙砾，应经常擦洗。每次使用完应盖好两端的封盖。③在使用前应对输源管、操作机构、输源钢丝、储源罐以及各接头进行认真检查。严禁"带病"操作。④输源管在工作或运输中不得受挤压，且不得有 90°及以下死角。⑤输源前应确认各道闭锁是否打开。⑥在使用 γ 射线机中如发现异常，应停止使用并立即报告。⑦储源罐使用后应及时放入射源库。

（二）射线胶片

1. 射线照相胶片的结构与特点

工业射线胶片不同于日常摄影用的感光胶片。一般感光胶片在胶片片基的一面涂布感光乳剂层，在片基的另一面涂布反光膜。射线胶片在胶片片基的两面均涂布感光乳剂层，增加卤化银含量以吸收更多的穿透能力很强的 X 射线和 γ 射线，从而提高胶片的感光能力，增加底片的黑度。

（1）片基

片基是感光乳剂层的支持体，在胶片中起骨架作用，厚度为 0.175 ~ 0.20 mm，大多数采用醋酸纤维或聚酯材料（涤纶）制作。聚酯片基较薄、韧性好、强度高，更适用于自动冲洗，为改善照明下的观察效果，通常射线胶片片基采用淡蓝色。

（2）结合层（又称黏合层或底膜）

结合层的作用是使感光乳剂层和片基牢固地黏结在一起，防止感光乳剂层在冲洗时从片基上脱下来，结合层由明胶、水、表面活性剂（润湿剂）、树脂（防静电剂）组成。

（3）感光乳剂层（又称感光药膜）

每层厚度为 10 ~ 20 μm，通常由溴化银微粒和明胶的混合体构成。乳剂中加入少量碘化银，可改善感光性能。碘化银含量按分子量计，一般不大于 5%。卤化银颗粒大小一般为 1 ~ 5 μm。此外，乳剂中还加进防灰剂及棉胶、蛋白等稳定剂、坚膜剂。

（4）保护层（又称保护膜）

保护层是一层厚度为 1 ~ 2 μm，涂在感光乳剂层上的透明胶质，作用是防止感光剂层受到污损和摩擦，其主要成分是明胶、坚膜剂、防腐剂、防静电剂。为防止胶片粘连，有时在感光乳剂层上还涂有布毛面剂。

2. 感光原理

胶片受到可见光、X 射线或 γ 射线的照射时，在感光乳剂层中会产生肉眼看不到的影像，即所谓的潜影。

潜影的形成有四个阶段：①光子作用于 AgBr 晶体，将 Br^- 中的电子逐出。②该电子在 AgBr 晶体上移动，陷入感光中心。③带负电子的感光中心吸引 Ag^+。④ Ag^+ 与电子结合，构成潜影中心，由无数潜影中心组成潜影。

经过显影、定影化学处理后胶片上的潜影成为永久性的可见图像，称之为射线底片（简称底片）。

潜影形成后，如相隔很长时间才显影，得到的影像会比及时冲洗得到的影像淡，此现象称为潜影衰退。潜影衰退实际上是构成潜影中心的银又被空气氧化而变成 Ag^+ 的逆过程。胶片所处的环境温度越高，湿度越大，则氧化作用越明显，潜影的衰减越厉害。

二、射线检测在机电类特种设备中的应用

对于机电类特种设备的射线检测，涉及的焊接接头形式主要包括起重机械对接接头，游乐设施、索道钢架中钢管环向对接接头。因此，常用透照方式有纵向对接接头单壁透照，环向对接接头的单壁透照、双壁单影透照、双壁双影透照，特殊情况下还可能涉及插入式管座焊缝的单壁单影、双壁单影透照、角焊缝的透照。下文以起重机械、游乐设施为例，介绍射线检测在机电类特种设备中的具体应用。

（一）起重机械的射线检测

起重设备中较为典型的种类包括门式起重机、桥式起重机等，该类设备中，作为承重的主梁，其焊接接头形式包括对接接头、T 形接头、角接接头，而射线检测主要适用于对接接头的检测，下面以此为重点介绍其具体应用。

通用桥式起重机是一种常见的起重设备，它的特点是起重量大，一般起重量在几十吨到几百吨，在使用过程中，桥式起重机上、下盖板受力较大，上、下盖板对接接头是一个薄弱环节，通常采用射线或超声波检测其焊接接头的质量。

下面以桥式起重机上、下盖板对接接头为例，介绍射线检测在起重机械制造过程中的具体应用。

构件主体材质 Q235，焊接方法为埋弧自动焊，上、下盖板对接接头采用射线检测，执行标准 JB/T 4730.2—2005，检测技术等级 AB 级，检测比例 100%，合格级别 Ⅱ级。构件的规格尺寸如图 5-1 所示，具体检测方案及工艺确定如下。

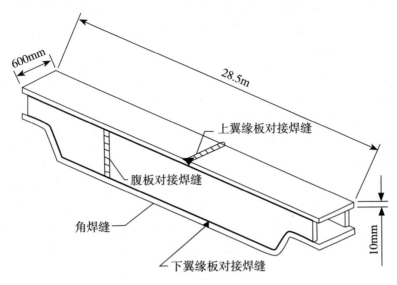

图5-1 通用桥式起重机构件的规则尺寸

1. 检测前的准备

（1）待检工件表面的清理

焊接接头检测区域的宽度应是焊缝本身再加上两侧各10 mm的区域，检测前应清除该区域内的飞溅、铁屑、油污及其他可能影响底片评定的杂物。

（2）设备器材的选择

起重设备中多数规格构件的检测选用X射线机即可满足检测要求，加之通常情况下采用X射线可以获得更好的像质。

根据构件材质，像质计选择较为常用的FE系列，按JB/T标准，AB级（A级）检测技术等级，透照厚度10 mm时应显示的像质计线径为0.20 mm（13号），所以像质计规格选择FE10-16。

2. 检测时机

焊缝外观检查合格后方可进行射线检测，对裂纹敏感性材料应在焊后24 h进行检测。

3. 透照方式及几何布置

按照构件制作程序，先拼接，检测合格后再组对，所以透照方式为直缝（纵缝）单壁透照，考虑满足标准要求，兼顾检测效率因素，焦距选择为600~700 mm，按AB级检测技术等级，考虑胶片规格因素，一次透照长度为300~350 mm，焊缝总长600 mm，所以透照次数为2次。

4. 曝光参数的选择

根据标准要求，对应透照厚度10 mm钢材，其最高管电压应不超过180 kV，此外，射线能量的选择原则是：在保证穿透的情况下，尽可能选择较低的管电压（射线能量）。查随机曝光曲线，可选择管电压 160 kV，曝光时间 3 min。

5. 其他技术要求

根据透照现场的具体情况，当周边构件可能产生较多的散射线时，可在胶片背部用薄铅板进行必要的防护。

6. 缺陷返修部位的标识与返修复检

缺陷返修部位以记号笔加以清楚标注，返修部位按原文件规定的方法进行复检。

7. 检测记录和报告的出具

采用的记录和报告要符合规范、标准的要求及检测单位质量体系文件的规定。

记录应至少包括：工件技术特性（包括工件名称、编号、材质、规格、焊工号、焊缝代号、坡口形式、表面情况等）、检测设备器材（包括射线胶片种类规格、像质计种类型号等）、透照方法（包括焦距、透照几何布置简图等）、布片图、曝光参数（管电压、管电流曝光时间等）、底片评定结果（缺陷种类、数量、评定级别等）、检测时间、检测人员 / 底片评定人员。

报告的签发：报告填写要详细清楚，并由 II 级或 III 级检测人员（RT）审核、签发。检测报告至少一式两份，一份交委托方，一份检测单位存档。

记录和报告的存档：相关记录、报告、射线底片应妥善保存，保存期不少于技术规范和标准的规定期限。

（二）大型游乐设施的射线检测

大型游乐设施中钢架通常采用钢管焊接制作，其中对接接头可采用射线检测的方法检查质量。摩天轮是高空旋转设备的一种，它能够把人们带到距地面几十米高的空中观看周边美景，但它也有一定的危险性，下面以摩天轮为例，介绍射线检测在大型游乐设施制造安装过程中的具体应用。

该构件主体材质 Q235，规格尺寸每段管长 2 000 mm，焊接方法为手工焊，支腿对接接头采用射线检测，执行标准 JB/T4730.2—2005，检测比例 100%，合格级别：纵缝 II 级，环缝 III 级。具体检测方案及工艺确定如下。

1. 检测前的准备

待检工件表面的清理：要求同前例。

设备器材的选择：本构件焊缝采用中心法透照（环缝内透照特例），透照方式与前例不同，但能量（射线源）选择与前例类似，透照壁厚 $T=12$ mm，纵缝透照选用定向 2005 或 2505 规格系列的 X 射线机，环缝透照选用周向 2005 或 2505 规格系列的 X 射线机。

胶片类型、规格选择同前例。

本构件材质（Q235）与前例相同，所以像质计仍选择较为常用的 FE 系列，按 JB/T 标准，AB 级（A 级）检测技术等级，透照厚度 12 mm 时应显示的像质计线径为 0.20 mm（13 号），所以像质计规格仍选择 FE10–16。

2. 检测时机

焊接接头外观检查合格后方可进行射线检测。

3. 透照方式及几何布置

按照构件制作程序，先纵向对接，检测合格后再环向对接，考虑管径 650 mm，满足单壁透照布置，所以纵焊缝采用单壁外照法。

环缝检测时，通过计算或查标准中诺模图，按 AB 级检测技术等级，射源至工件距离应不小于 180 mm，该构件如果环焊缝采用中心透照法，射源至工件距离 301 mm 则满足要求。

几何条件方面，纵焊缝单壁外照法同前例，焦距选择为 600 ~ 700 mm，按 AB 级检测技术等级，考虑胶片规格因素，一次透照长度为 300 ~ 350 mm，透照次数为 6 次。

环焊缝中心透照法，因为射线源置于管中心，一次透照可完成整周环缝透照，所以焦距为 325 mm，一次透照长度为环缝周长。

4. 曝光参数的选择

纵焊缝单壁外照法同前例。

环焊缝中心透照法，由于焦距较短，曝光时间可相应缩短，管电压也可适当降低，通过计算并查曝光曲线，确定曝光参数为 150 kV，2 min。

5. 其他技术要求

纵焊缝单壁外照法时，散射线的防护要求同前例。

环焊缝中心透照法时，按照标准规定，应在周向均布 3 个像质计，由于一次透照长度等于有效评定长度，所以标记置于源侧或胶片侧均可。

暗室处理、底片评定、缺陷返修部位的标识与返修复检，检测记录和报告的出具同前例。

第六章　机电类特种设备安全管理

第一节　起重设备安全管理

一、综合管理

制定具有针对性的起重设备安全管理制度、安全岗位职责、安全操作规程及事故应急救援预案等。

（一）起重机械的安全管理措施

1. 起重机械安全管理制度

起重机械安全管理规章制度包括司机守则；起重机械安全操作规程；起重机械维护、保养、检查和检验制度；起重机械安全技术档案管理制度；起重机械作业和维修人员安全培训考核制度；起重机械使用单位应按期向所在地的主管部门申请在用起重机械安全技术检验及更换起重机械准用证的管理等。

2. 起重机械安全技术档案

起重机械安全技术档案的内容包括设备出厂技术文件；安装、修理记录和验收资料；使用、维护、保养检查和试验记录；安全技术监督检验报告；设备及人身事故记录；设备的问题分析及评价记录。

3. 起重机械定期检验制度

起重机械安全定期监督检验周期为2年。此外，使用单位还应进行起重机的自我检查，每日检查、每月检查和年度检查。

（1）每日检查：在每天作业前进行，应检查各类安全装置、制动器、操作控制装置、紧急报警装置、轨道、钢丝绳的安全状况。检查中发现有异常情况时，必须及时处理，严禁"带病"运行。

（2）每月检查：检查项目包括安全装置、制动器、离合器等有无异常，其可靠性和精度是否符合要求；重要零部件（如吊具、钢丝绳滑轮组、制动器、吊索、辅具等）的状态是否正常，有无损伤，是否应报废等；电气、液压系统及其部件的泄漏情况及工作性能；动力系统和控制器等。停用1个月以上的起重机构，使用前也应做上述检查。

（3）年度检查：每年对所有在用的起重机械至少进行1次全面检查。停用1年以上、遇4级以上地震或发生重大设备事故、露天作业并经受9级以上风力后的起重机，使用前都应进行全面检查。

4.作业人员的培训教育

起重作业是由指挥人员、起重机司机和司索工群体配合完成的集体作业，要求起重作业人员不仅应具备基本文化和身体条件，而且必须了解有关法规和标准，学习起重作业安全技术理论知识，掌握实际操作和安全救护的技能。起重机司机必须经过专门考核并取得合格证，方可独立操作。指挥人员与司索工也应经过专业技术培训和安全技能训练，了解所从事工作的风险，并具备自我保护和保护他人的能力。

（二）起重作业的安全防护

高处作业的安全防护：起重机金属结构高大，司机室往往设在高处，很多设备也安装在高处结构上，因此，起重机司机的正常操作、高处设备的维护和检修以及安全检查都需要高处作业。为防止人员从高处坠落，防止高处坠落的物体对下面人员造成打击伤害，在起重机上，凡是高度不低于2 m的一切合理作业点，包括进入作业点的配套设施，如高处的通行走台、休息平台、转向用的中间平台及高处作业平台等，都应予以防护。安全防护的结构和尺寸应根据人体参数确定，其强度、刚度要求应根据走道、平台、楼梯和栏杆可能受到的最不利载荷来考虑。

（三）起重作业安全操作技术

1.吊运前的准备

吊运前的准备工作包括正确佩戴个人防护用品，如安全帽、工作服、工作鞋和手套，高处作业还必须佩戴安全带和工具包；检查并清理作业场地，确定搬运路线，清除障碍物；室外作业要了解当天的天气预报；流动式起重机要将支撑地面垫实、垫平，防止作业中地基沉陷；对使用的起重机和吊装工具、辅件进行安全检查；不使用应报废元件，不留安全隐患；熟悉被吊物品的种类数量、包装状况以及与周围的联系；根据有关技术数据（如质量、几何尺寸、精密程度变形要求等）进行最大受力计算，确定吊点位置和捆绑方式；编制作业方案对于大型、重要物件的吊运或多台起重机共同作业的吊装，事先要在有关人员的参与下，由指挥、起重机司机和司索工共同讨论，编制作业方案，必要时报请有关部门审查批准；预测可能出现的事故，采取有效的预防措施，选择安全通道，制定应急对策。

2.起重机司机通用操作要求

有关人员应认真交接班，对吊钩、钢丝绳、制动器、安全防护装置的可靠性进行认真检查，发现异常情况应及时报告。

开机作业前,应确认处于安全状态方可开机,需确认的内容包括所有控制器是否置于零位；起重机上和作业区内是否有无关人员，作业人员是否撤离到安全区；起重机运行范围内是否有未清除的障碍物；起重机与其他设备或固定建筑物的最小距离是否在 0.5 m 以上；电源断路装置是否加锁或有警示标牌；流动式起重机是否按要求平整好场地，支脚是否牢固、可靠。

开车前，必须鸣铃或示警；操作员在操作中接近人时，应给断续铃声或示警。

司机在正常操作过程中，不得利用极限位置限制器停车；不得利用打反车进行制动；不得在起重作业过程中进行检查和维修；不得带载调整起升、变幅机构的制动器，或带载增大作业幅度；吊物不得从人的头顶上通过，吊物和起重臂下不得站人。

严格按指挥信号操作，对紧急停止信号，无论何人发出，都必须立即执行。

吊载接近或达到额定值时，或起吊危险物品（如液态金属，有害物，易燃、易爆物等）时，吊运前应认真检查制动器并用小高度短行程试吊，确认没有问题后再进行吊运。

起重机各部位、吊载及辅助用具与输电线的最小距离应满足安全要求。

有下列情况时，司机不应操作：起重机结构或零部件（如吊钩、钢丝绳、制动器、安全防护装置等）有影响安全工作的缺陷和损伤；吊物超载或有超载可能，吊物质量不明；吊物被埋置或冻结在地下或被其他物体挤压；吊物捆绑不牢或吊挂不稳，被吊重物棱角与吊索之间未加衬垫；被吊物上有人或浮置物；作业场地昏暗，看不清场地、吊物情况或指挥信号；钢（铁）水过满；室外遇到 6 级以上大风。

工作中突然断电时，应将所有控制器置零，关闭总电源。重新工作前，应先检查起重机工作是否正常，确认安全后方可正常操作。

有主、副两套起升机构的，不允许同时利用主、副钩工作（设计允许的专用起重机除外）。

用 2 台或多台起重机吊运同一重物时，每台起重机都不得超载。吊运过程应保持钢丝绳垂直保持运行同步。吊运时，有关负责人员和安全技术人员应在场指导。

当风力大于 6 级时，露天作业的轨道起重机应停止作业。当工作结束时，应锚定住起重机并将挂钩固定。

禁止同时使用 2 台或 2 台以上起重设备吊运同一个重物或同一个工件。

3. 司索工安全操作要求

司索工主要从事地面工作，如准备吊具、捆绑挂钩、摘钩卸载等，多数情况下还担任指挥工作。司索工的工作质量与整个搬运作业安全的关系极大，其操作工序要求如下：

（1）准备吊具。对吊物的质量和重心估计要准确，如果是目测估算，应增大 20% 来选择吊具；每次吊装都要对吊具认真进行安全检查，如果是旧吊索，应根据情况降级使用，绝不可侥幸超载或使用应报废的吊具。

（2）捆绑被吊物。对被吊物进行必要的归类清理和检查,被吊物不能被其他物体挤压,被埋或被冻的物体要完全挖出。切断与周围管线的一切联系,防止超载;清除被吊物表面或空腔内的杂物,将可移动的零件锁紧或捆牢,形状或尺寸不同的物品不经特殊捆绑不得混吊,以防止坠落伤人;被吊物捆扎部位的毛刺要打磨平滑,尖棱利角应加垫物,防止起吊后损坏吊索;表面光滑的被吊物应采取措施来防止起吊后吊索滑动或吊物滑脱;吊运大而重的物体时应加诱导绳,诱导绳的长度应能使司索工既可握住绳头,同时又能避开吊物正下方,以便发生意外时司索工可利用该绳控制吊物。

（3）挂钩起钩。吊钩要位于被吊物重心的正上方,不准斜拉吊钩硬挂,防止提升后被吊物翻转、摆动。吊物高大需要垫物攀高挂钩摘钩时,脚踏物一定要稳固垫实,禁止使用易滚动的物体（如圆木、管子、滚筒等）做脚踏物。攀高必须佩戴安全带,防止人员坠落跌伤。挂钩要坚持"五不挂",即起重或被吊物质量不明不挂,重心位置不清楚不挂,尖棱利角和易滑工件无衬垫物不挂,吊具及配套工具不合格或应报废不挂,包装松散捆绑不良不挂,将安全隐患消除在挂钩前。当多人吊挂同一被吊物时,应由一专人负责指挥,在确认吊挂完备,所有人员都离开并站在安全位置以后,才可发起钩信号。起钩时,地面人员不应站在被吊物倾翻、坠落可波及的地方,如果作业场地为斜面,则应站在斜面上方（不可站在死角处）,防止吊物坠落后继续沿斜面滚移伤人。

（4）摘钩卸载。吊物运输到位前,应选择好安置,卸载时不要挤压电气线路和其他管线,不要阻塞通道。针对不同吊物种类应采取不同措施加以支撑、垫稳、归类摆放,不得混码、互相挤压、悬空摆放,防止吊物滚落、侧倒、塌垛。摘钩时应等所有吊索完全松弛后再进行,确认所有绳索从钩上卸下再起钩,不允许抖绳摘索,更不许利用起重机抽索。

（5）搬运过程的指挥。无论采用何种指挥信号,必须规范、准确、明了;指挥者所处位置应能全面观察作业现场,并使司机、司索工都能清楚地看到。在作业进行的整个过程中,特别是重物悬挂在空中时,指挥者和司索工都不得擅离职守,应密切观察吊物及周围情况,如发现问题,应及时发出指挥信号。

二、制造使用管理

（一）对制造厂和自制改造的要求

制造厂应对起重机的金属结构、零部件外购件、安全防护装置等质量全面负责。产品质量应不低于专业标准和其他有关标准的规定。

对于自制或改造的起重机械,应先提出设计方案、图纸、计算书和所依据的标准质量保证措施,报主管部门审批,同级劳动部门备案后,方可投入制造或改造。

起重机械制造和改造后，应按有关标准的要求试验合格。

起重机的专业制造厂，必须具备保证产品质量所必要的设备、技术力量、检验条件和管理制度。起重机械产品应向劳动人事部委托的单位登记、检验并取得合格证。

起重机发生重大设备事故，如确属设计、制造原因引起的，制造厂应承担责任。对产品不能满足安全要求的制造厂应吊销合格证。

（二）对使用单位的要求

使用单位应根据所用起重机械的种类、复杂程度，以及使用的具体情况，建立必要的规章制度。如交接班制度、安全技术要求细则、操作规程细则、检修制度、培训制度、设备档案制度等。

购置：购置起重机时，必须在指定的，并有劳动部门发给合格证的专业制造厂选购，起重机的安全、防护装置应齐全完善，并有产品合格证。

设备档案：使用单位必须对本单位的起重机械、重要的专用辅具建立设备档案。

设备档案内容应包括：起重机出厂技术文件，如图纸、质量保证书、安装和使用说明书；安装后的位置；起用时间；日常使用保养、维修、变更、检查、试验等记录；设备、人身事故记录；设备存在的问题和评价。

在起重机的明显位置应有清晰的金属标牌，标牌应有：起重机名称、型号；额定起重能力；制造厂名、出厂日期；其他所需的参数和内容。

起重机无论在停止或进行转动状态下，均应与周围建筑物或固定设备等保持一定的间隙，凡有可能通行的间隙不得小于 400 mm。

对司机的要求：①起重机司机的操作，应由下述人员进行：经考试合格的司机；司机直接监督下的学习满半年以上的学徒工等受训人员；为了执行任务需要进行操作的维修、检测人员；经上级任命的劳动安全监察员。②司机应符合下述条件：年满 18 周岁，身体健康；视力（包括矫正视力）在 0.7 以上，无色盲；听力应满足具体工作条件要求。③司机的岗位职责，应掌握以下几点：所操纵的起重机的构造和技术性能；起重机的操作规程，本规程及有关法令；安全运行要求；安全、防护装置的性能；原动机和电气方面的基本知识；指挥信号；保养和基本的维修知识。

（三）检验维修

1. 检验

出现下述情况，应对起重机按有关标准的要求试验合格：正常工作的起重机，每 2 年进行 1 次检验；经过大修、新安装及改造过的起重机，在交付使用前检验；闲置时间超过 1 年的起重机，在重新使用前检验；经过暴风、大地震、重大事故后，可能使强度、刚度、构件的稳定性、机构的重要性能受到损害的起重机需检验。

2. 经常性检查

应根据工作繁重、环境恶劣的程度确定检查周期，但不得少于每月1次。一般应包括：起重机正常工作的技术性能；所有的安全、防护装置；线路、罐、容器阀、泵、液压或气动的其他部件的泄漏情况及工作性能；吊钩、吊钩螺母及防松装置；制动器性能及零件的磨损情况；钢丝绳磨损和尾端的固定情况；链条的磨损、变形、伸长情况；捆绑、吊挂链和钢丝绳及辅具。

3. 定期检查

应根据工作繁重、环境恶劣的程度，确定检查周期但不得少于每年1次，一般应包括：在第2项中经常性检查的内容；金属结构的变形、裂纹、腐蚀及焊缝、铆钉、螺栓等连接情况；主要零部件的磨损、裂纹、变形等情况；指标装置的可靠性和精度；动力系统和控制器等。

4. 维修

维修更换的零部件应与原零部件的性能和材料相同。

结构件需要焊修时，所用的材料焊条等应符合原结构件的要求，焊接质量应符合要求。

起重机处于工作状态时，不应进行保养、维修及人工润滑。

维修时，应符合下述要求：将起重机移至不影响其他起重机的位置，对因条件限制，不能做到以上要求的，应有可靠的保护措施，或设置监护人员；将所有的控制器手柄置于零位；切断主电源、加锁或悬挂标志牌，标志牌应放在有关人员能看清的位置。

第二节 电梯安全管理

一、电梯管理制度

（一）电梯机房管理制度

机房应设固定照明，备有足够的干粉灭火器。

机房保持清洁干燥，原则上不安装水、气类供暖设施。

机房应有良好的通风，室内温度应保持在 5~40℃（对计算机控制的电梯尤为重要）。

机房内除必备的工具、设施外，不得堆放其他杂物。

机房及井道的照明电源应与控制线路分别敷设。

机房地面应铺绝缘材料。

电梯长期不使用时，应将机房总电源断开。

机房应配有门锁，只允许检修人员值班，其他人员禁止入内。

（二）电梯维护保养制度

为了确保电梯正常安全运行，延长使用寿命，必须对电梯进行日常和定期的维护保养。

电梯司机或分管电梯的责任人必须在电梯每天投入使用之前做准备性的试运行，并对机房内的机械、电气设备等做一次巡回检查：核实运行、制动等操作指令是否有效；运行是否正常，有无异常的振动或噪声；门联锁开关是否完好。检查时应进行详细记录，并存档备查。

电梯维修人员应每月对电梯的主要设备机构和电气设施进行比较细致的检查、核实：各种安全装置或部件是否有效；动力装置、传动和制动系统是否正常；润滑油量是否足够等。

电梯运行每一年，应进行一次全面检查。该检查工作应由持有特种设备（电梯）作业人员资格证书的专业人员承担，详细检查电梯所有的机械、电气和安全装置的完好情况，主要关键零部件的磨损程度，采用相应的修理、更换等措施。

（三）电梯层门开锁钥匙使用管理制度

层门开锁钥匙平时应严格保管，放置的地方要加锁，除经过指导并了解开锁时可能会引发的危险及已掌握了开锁要领的电梯管理者、电梯司机等有关人员外，不应该让其他人员拿到此类钥匙。

开锁钥匙上应附一小牌，用来提醒人们注意，使用此钥匙可能引起的危险。

电梯在运行时不准开锁。

在开锁时，双脚要站稳，用手操作，另一手要扶住层门或附近的墙壁，转动钥匙时用力不能太猛。先开成一条缝，看清轿厢在此没有危险后，方可将层门全部开启（进入底坑工作情况除外）。

层门关闭后应确认其已经锁住。

（四）电梯维修操作规程

电梯维修，须由质量技术监督局培训的持证人员进行操作，并不得少于2人。

维修电梯时，应在各层厅门口悬挂"检修停靠"告示牌。

需停电操作时，应在机房总电源开关处悬挂"正在维修、严禁合闸"警示牌。

在轿顶或底坑操作应先将急停开关按下，以防发生意外。

检修操作时，必须将各层站厅门关好，如必须开启某厅门时，厅门口应有监护人员。

检修灯必须配有防护罩，并使用36 V以下的安全电压。

工作时应由 2 名维修人员协同进行，并由 1 人下达检修运行程序。

如需司机配合作业，司机务必要精神集中，严格服从检修人员指令。

严禁检修人员从井道外探身到井道内或在厅门外与轿厢地坎之间各站一只脚进行较长时间的检修工作。

在轿顶做检修运行时，应精神集中，避免与井道相关部件发生碰撞与挤压。

在井道进行登高和进行水电焊作业时，应严格做好各项安全防护措施。

作业人员维修操作时，应佩戴好劳动防护用品（安全帽、工作服、绝缘鞋、绝缘手套等）。

（五）救援轿厢内乘客的紧急操作规定

电梯使用单位必须指定专人负责安全管理，有意外事件和事故的紧急救援措施，制定紧急救援演习制度，并组织紧急救援演习。

若发生电梯困人，只要轿厢能移动，就应采用手动松闸紧急救人操作程序或紧急电动运行的电气操作装置。若轿厢不能移动，则救援轿厢内乘客的工作应在轿外进行。此时安全管理人员应给予安慰、提供帮助，利用轿厢的安全窗或安全门等将被困人员逐个救出轿厢。在撤离过程中，安全管理人员应指定安全路线，采取安全措施，告诫注意事项，密切观察每一个人的情况，直至将最后一个人送到安全地点。

（六）电梯困人解救程序

电梯困人的原因有很多，电源故障、电梯机械故障、电气故障是常见的原因，解救方法按下列步骤进行：

第一步：与轿厢内乘客取得联系，并安抚乘客。

第二步：确定故障电梯轿厢的停靠位置。如果由于"冲顶"或者"蹲底"造成的，可由电梯专业维修保养人员操作控制柜的"紧急点动运行装置"或采取"封线"电动上行或下行，将轿厢移至电梯上或下端站平层区域，开门。

第三步：如果是由于安全钳误动作造成的，可以通过机房"封线"的方式，上行电动轿厢，使安全钳棘爪恢复到正常位置，然后启动电梯到最近层站的平层位置，开门。

第四步：由于电梯困人，短时间内难以恢复运行，需要维修保养人员（两人以上）去机房处理。具体操作程序为：①拉下机房总电源开关。②在判明轿厢停靠位置的情况下，利用机房所备手动开闸装置打开制动器（事先另一位操作人员应先握紧盘车手轮）。③按盘车手轮所标旋转方向，手动盘车，就近靠站。④在确认轿厢停靠的准确位置后，于停靠站用厅门机械钥匙打开厅门、轿门，疏散所困乘客。⑤电梯交付维修人员管理。

二、电梯的维护保养

（一）概述

电梯在使用过程中，由于其本身正常运行造成的磨损，以及异常的环境因素、人员非正常使用等客观因素造成的消耗，使得电梯这一机电设备无时无刻不发生着状态的变化。这些状态的变化如果不加以调整干涉，累积的后果将可能使电梯在不安全条件下运行，进而导致设备发生故障或人员受到伤害。

电梯的日常维护保养是指对电梯进行清洁、润滑、调整、更换易损件和检查等日常维护和保养性工作（其中清洁、润滑不包括部件的解体，调整和更换易损件而不改变任何电梯性能参数）。维保单位对其维保电梯的安全性能负责，对电梯是否符合安全技术规范要求应当进行确认。维保后的电梯应当符合相关安全技术规范，且电梯应处于正常运行状态。

（二）电梯维保单位应履行的职责

为了保证电梯的维保质量，确保电梯安全运行，电梯维保单位应履行下列职责。

根据有关安全技术规范以及电梯产品安装使用维护说明书的要求，制定维保方案，确保其维保电梯的安全性能。

制定应急措施和救援预案，每半年至少针对本单位维保的不同类别（类型）电梯进行一次应急演练。

设立 24 小时维保值班电话，保证接到故障通知后及时予以排除，接到电梯困人故障报告后，维修人员及时抵达所维保电梯所在地实施现场救援，直辖市或者设区的市抵达时间不应超过 30 分钟，其他地区一般不超过 1 小时。

对电梯发生的故障等情况，及时进行详细的记录。

建立每部电梯的维保记录，并且归入电梯技术档案，档案至少保存 4 年。

协助使用单位制定电梯的安全管理制度和应急救援预案。

对承担维保的作业人员进行安全教育与培训，按照特种设备作业人员考核要求，组织取得具有电梯维修项目的《特种设备作业人员证》，培训和考核记录存档备查。

每年度至少进行 1 次自行检查，自行检查在特种设备检验检测机构进行定期检验之前进行，自行检查项目根据使用状况情况决定，但是不少于《电梯使用管理与维护保养规则》年度维保和电梯定期检验规定的项目及内容，并且向使用单位出具有自行检查和审核人员的签字、加盖维保单位公章或者其他专用章的自行检查记录或者报告。

安排维保人员配合特种设备检验检测机构进行电梯的定期检验。

在维保过程中，发现事故隐患及时告知电梯使用单位；发现严重事故隐患，及时向当地质量技术监督部门报告。

（三）电梯维保的基本项目以及维保记录

1. 电梯的维保项目与要求

电梯的维保分为半月、季度、半年、年度维保，维保单位应依据《电梯使用管理与维护保养规则》中各附件的要求，按照安装使用维护说明书的规定，并且根据所保养电梯使用的特点，制订合理的维保计划与方案，对电梯进行清洁、润滑、检查、调整，更换不符合要求的易损件，使电梯达到安全要求，保证电梯能够正常运行。

现场维保时，如果发现电梯存在的问题需要通过增加维保项目（内容）予以解决的，应当相应增加并且及时调整维保计划与方案。

如果通过维保或者自行检查，发现电梯仅依靠合同规定的维保内容已经不能保证安全运行，需要改造、维修或者更换零部件、更新电梯时，应当向使用单位书面提出。

2. 维保记录中的电梯基本技术参数

维保记录中的电梯基本技术参数主要包括以下内容：

曳引或者强制式驱动乘客电梯、载货电梯（以下分别简称乘客电梯、载货电梯）为：驱动方式、额定载重量、额定速度、层站数。

液压电梯为：额定载重量、额定速度、层站数、油缸数量、顶升型式。

杂物电梯为：驱动方式、额定载重量、额定速度、层站数。

自动扶梯和自动人行道为：倾斜角度、额定速度、提升高度、梯级宽度、主机功率、使用区段长度（自动人行道）。

（三）维保记录

维保单位进行电梯维保，应当进行记录。记录至少包括以下内容：

电梯的基本情况和技术参数，包括整机制造、安装、改造、重大维修单位的名称，电梯品种（型式），产品编号，设备代码，电梯原型号或者改造后的型号，电梯基本技术参数。

使用单位、使用地点、使用单位的编号。

维保单位、维保日期、维保人员（签字）。

电梯维保的项目（内容），进行的维保工作，达到的要求，发生调整、更换易损件等工作时的详细记载。

维保记录应当经使用单位安全管理人员签字确认。

维保单位的质量检验（查）人员或者管理人员应当对电梯的维保质量进行不定期检查，并且进行记录。

三、电梯的检验

（一）电梯检验的目的

电梯在安装、改造、维修、日常维护保养、使用等过程中难免会出现违反相关规则的行为或异常状况，因此为了避免由于违反操作规程造成的安全隐患或其他情况导致的电梯异常，保障电梯的运行安全，需要对电梯进行相关必要的检验。

（二）施工单位、维护保养单位和使用单位的相关准备

实施电梯安装、改造或者重大维修的施工单位应当在按照规定履行告知后、开始施工前（不包括设备开箱、现场勘测等准备工作），向检验机构申请监督检验。电梯使用单位应当在电梯使用标志所标注的下次检验日期届满前1个月，向检验机构申请定期检验。

施工单位应当按照设计文件和标准的要求，对电梯机房（或者机器设备间）、井道、底坑等涉及电梯施工的土建工程进行检查，对电梯制造质量（包括零部件和安全保护装置等）进行确认，并且做好记录，符合要求后方可以进行电梯施工。

施工单位或者维护保养单位应当按照相关安全技术规范和标准的要求，保证施工或者日常维护保养质量，真实、准确地填写施工或者日常维护保养的相关记录或者报告，对施工或者日常维护保养质量以及提供的相关文件、资料的真实性及其与实物的一致性负责。

施工单位、维护保养单位和使用单位应当向检验机构提供符合要求的有关文件、资料，安排相关的专业人员配合检验机构实施检验。其中，施工自检报告、日常维护保养年度自行检查记录或者报告还须另行提交复印件备存。

检验机构应当在施工单位自检合格的基础上实施监督检验，在维护保养单位自检合格的基础上实施定期检验。

（三）对检验机构、检验人员和现场条件的相关要求

1. 对检验机构的要求

检验机构应当根据相关规则规定，制定包括检验程序和检验流程图在内的电梯检验作业指导文件，并且按照相关法规、规则和检验作业指导文件的规定，对电梯检验质量实施严格控制，对检验结果及检验结论的正确性负责，对检验工作质量负责。

检验机构应当统一制定电梯检验原始记录格式及其要求，在本单位正式发布使用。

检验机构应当配备能够满足检验要求和方法的检验检测仪器设备、计量器具和工具。

2. 对检验人员的要求

检验人员必须按照国家有关特种设备检验人员资格考核的规定,取得国家质检总局颁发的相应资格证书后,方可以从事批准项目的电梯检验工作。现场检验至少由2名具有电梯检验员资格的人员进行,检验人员应当向申请检验的电梯施工或者使用单位出示检验资格标识。现场检验时,检验人员不得进行电梯的修理、调整等工作。

现场检验时,检验人员应当配备和穿戴必需的防护用品,并且遵守施工现场或者使用单位明示的安全管理规定。

3. 对检验现场条件的要求

对电梯整机进行检验时,检验现场应当具备以下检验条件。

机房或者机器设备间的空气温度保持在 5~40℃。

电源输入电压波动在额定电压值 ±7% 的范围内。

环境空气中没有腐蚀性和易燃性气体及导电尘埃。

检验现场（主要指机房或者机器设备间、井道、轿顶、底坑）清洁,没有与电梯工作无关的物品和设备,基站、相关层站等检验现场放置表明正在进行检验的警示牌。

4. 对井道进行必要的封闭

特殊情况下,电梯设计文件对温度、湿度、电压、环境空气条件等进行了专门规定的,检验现场的温度、湿度、电压、环境空气条件等应当符合电梯设计文件的规定。

对于不具备现场检验条件的电梯,或者继续检验可能造成危险,检验人员可以中止检验,但必须向受检单位书面说明原因。

（四）电梯检验项目的类别以及检验结论

电梯检验项目分为 A、B、C 三个类别。检验报告分为"合格""不合格""复检合格""复检不合格"四种检验结论。

对于检验结论为不合格的电梯,受检单位组织相应整改或者修理后可以申请复检。

对于判定为"不合格"或者"复检不合格"的电梯、未执行整改要求并且已经超过电梯使用标志所标注的下次检验日期的电梯,检验机构应当将检验结果、检验结论及有关情况报告负责设备使用登记的特种设备安全监察机构;对于定期检验判定为"不合格"的电梯,检验机构还应当告知使用单位立即停止使用。

参考文献

[1] 电梯安全风险防范知识读本编委会．电梯安全风险防范知识读本 [M]．北京：中国铁道出版社，2018.

[2] 党林贵，李玉军，张海营，等．机电类特种设备无损检测 [M]．郑州：黄河水利出版社，2012.

[3] 蒋军成，王志荣．工业特种设备安全（第 2 版）[M]．北京：机械工业出版社，2019.

[4] 金信鸿，张小海，高春法．渗透检测 [M]．北京：机械工业出版社，2014.

[5] 李向东．大型游乐设施安全管理与作业人员培训教程 [M]．北京：机械工业出版社，2018.

[6] 梁勤，朱海东，李福琉．锅炉设备及运行 [M]．北京：冶金工业出版社，2017.

[7] 辽宁省安全科学研究院．磁粉检测 [M]．沈阳：辽宁大学出版社，2017.

[8]《国防科技工业无损检测人员资格鉴定与认证培训教材》编审委员会．渗透检测 [M]．北京：机械工业出版社，2004.

[9] 刘宗辉．起重机械安全管理 [M]．石家庄：河北美术出版社，2017

[10] 吕海涛．电梯技术检验 [M]．长春：吉林科学技术出版社，2020.

[11] 史龙潭，乔慧芳．承压特种设备磁粉检测 [M]．郑州：黄河水利出版社，2021.

[12] 孙小帅．大型游乐设施的安全评价和状态检测 [D]．郑州：郑州大学，2011.

[13] 王学生．压力容器 [M]．上海：华东理工大学出版社，2018.

[14] 王镇，刘大鸿，周拥民．特种设备现场安全监督检查工作手册 [M]．北京：中国标准出版社，2019.

[15] 文应财．特种设备安全管理 [M]．贵阳：贵州科技出版社，2017.

[16] 杨林，李春生，孔凡雪，等．电梯的安全管理 [M]．北京：现代教育出版社，2016.

[17] 虞雪芬．射线检测 [M]．杭州：浙江工商大学出版社，2018.

[18] 衣宝龙，王志强．我国客运索道安全发展现状分析及风险评估应用研究 [J]．起重运输机械，2021（23）：63-69.

[19] 袁化临，王庆．起重与机械安全（第 2 版）[M]．北京：首都经济贸易大学出版社，2018.

[20] 张海营，薛永盛，谢曙光．承压类特种设备超声检测新技术与应用 [M]．郑州：黄河水利出版社，2020.

[21] 张红东．压力容器安全管理与操作 [J]．设备管理与维修，2021（14）：125-127.

[22] 张永长．锅炉常见事故分析 [J]．橡塑技术与装备，2015，41（22）：127-128.